高职高专建筑设计专业系列教材
省级重点专业建设成果

建筑装饰施工

主　编　冯　翔
副主编　张建英　牟　杨
参　编　丁录永　向学敏　王振英
　　　　王　锂　张　芳
主　审　郭莉梅　黄东标

中国轻工业出版社

图书在版编目（CIP）数据

建筑装饰施工/冯翔主编. —北京：中国轻工业
出版社，2021.12
高职高专建筑设计专业"十三五"规划教材
省级重点专业建设成果
ISBN 978-7-5184-1051-4

Ⅰ.①建…　Ⅱ.①冯…　Ⅲ.①建筑装饰—工程
施工—高等职业教育—教材　Ⅳ.①TU767

中国版本图书馆 CIP 数据核字（2016）第 181188 号

责任编辑：李建华　陈　萍　　责任终审：劳国强　　封面设计：锋尚设计
版式设计：宋振全　　　　　　　责任校对：晋　洁　　责任监印：张　可

出版发行：中国轻工业出版社（北京东长安街 6 号，邮编：100740）
印　　刷：北京君升印刷有限公司
经　　销：各地新华书店
版　　次：2021 年 12 月第 1 版第 3 次印刷
开　　本：787×1092　　1/16　印张：14
字　　数：319 千字
书　　号：ISBN 978-7-5184-1051-4　　定价：35.00 元
邮购电话：010 – 65241695
发行电话：010 – 85119835　传真：85113293
网　　址：http：//www.chlip.com.cn
Email：club@chlip.com.cn
如发现图书残缺请与我社邮购联系调换
211639J2C103ZBW

　　为了满足建筑装饰工程技术专业的发展，适应 21 世纪职业技术教育的需要，培养建筑行业具备从事建筑装饰工程技术专业的技术管理实用型人才，我们结合当前建筑装饰工程的发展，编写了本教材。

　　本书对已有教材的知识框架进行了革新，更加注重理论与实践相结合，采用全新体例编写：以工程任务驱动为线索，以具体的工程实例为载体，按照工艺流程编排，内容丰富，案例详实。广东美星建筑装饰公司宜宾分公司提供了大量的资料和图片。本书附有多种类型的习题供读者选用。

　　本书共分 9 个项目，主要包括建筑装饰施工的认知，建筑装饰施工图的识读，水电工程施工，楼地面装饰工程施工，门窗装饰工程施工，墙面装饰工程施工，墙柱面镶板装饰面施工，顶棚装饰施工，其他装饰施工等内容。

　　本书内容可按照 48 ~ 80 学时安排，推荐学时分配：项目一 2 ~ 6 学时，项目二 6 ~ 8 学时，项目三 8 ~ 12 学时，项目四 8 ~ 12 学时，项目五 8 ~ 12 学时，项目六 2 ~ 6 学时，项目七 6 ~ 10 学时，项目八 4 ~ 8 学时，项目九 4 ~ 6 学时。教师可根据不同的情况，使理论与实践相结合，应用案例和习题便于学生在课后阅读和练习。

　　本书由宜宾职业技术学院冯翔、丁录永、张建英、牟杨、向学敏、王振英、张芳、王锂共同编写；冯翔担任主编，并对全书进行统稿。本书具体编写分工为：项目一由冯翔编写，项目二由张建英编写，项目三由牟杨编写，项目四、项目八由丁录永、张芳编写，项目五、项目九由王振英编写，项目六由冯翔、丁录永、张建英、王锂编写，项目七由向学敏编写。本书由宜宾职业技术学院郭莉梅和广东美星建筑装饰公司宜宾分公司总经理、总设计师黄东标担任主审。很多建筑装饰公司的技术人员和工程人员对本书的编写提出了大量的建议和帮助；在编写过程中，编者参考和引用了国内外大量文献资料，在此一并表示衷心感谢。

　　本书既可作为高职高专院校建筑装饰类相关专业的教材和指导书，也可以作为土建施工类及工程管理类等专业执业资格考试的培训教材。

由于编者水平有限，本书难免存在不足和疏漏之处，敬请各位读者批评指正。

编者

2016 年 3 月

目 录

项目一 建筑装饰施工的认知 ……………………………………………………… 1

任务 1.1 建筑装饰装修工程施工的特点 ……………………………………… 3
1.1.1 建筑装饰装修的概念 ………………………………………………… 3
1.1.2 建筑装饰装修的特点 ………………………………………………… 3
1.1.3 建筑装饰装修施工的特点 …………………………………………… 3
1.1.4 建筑装饰装修的作用 ………………………………………………… 4
任务 1.2 建筑装饰装修工程的分类和等级标准 ……………………………… 5
1.2.1 建筑装饰装修工程的分类 …………………………………………… 5
1.2.2 建筑装饰装修的等级标准 …………………………………………… 5
任务 1.3 建筑装饰装修工程规范要求 ………………………………………… 6
1.3.1 建筑装饰装修工程的一般规定 ……………………………………… 6
1.3.2 住宅装饰装修工程的基本规定 ……………………………………… 7
1.3.3 建筑装饰装修工程的质量验收 ……………………………………… 8
1.3.4 建筑装饰装修室内环境污染及控制 ………………………………… 8
任务 1.4 建筑装饰装修行业的发展前景 ……………………………………… 9
项目小结 ……………………………………………………………………… 9
习题 …………………………………………………………………………… 9

项目二 建筑装饰施工图的识读 ………………………………………………… 10

任务 2.1 建筑制图标准 ………………………………………………………… 12
任务 2.2 装饰施工图的识图方法与步骤 ……………………………………… 14
2.2.1 建筑装饰施工图的特点 ……………………………………………… 14

2.2.2　建筑装饰施工图的组成 ………………………………………… 14

项目小结 ……………………………………………………………………… 20

习题 …………………………………………………………………………… 20

项目三　水电工程施工 ……………………………………………………… 21

任务 3.1　水电工程施工 ………………………………………………… 23
3.1.1　开槽 ………………………………………………………… 23
3.1.2　强、弱电管的安装施工 …………………………………… 24
3.1.3　强、弱电线的安装 ………………………………………… 27
任务 3.2　水管的安装与水力试验 ……………………………………… 30
3.2.1　室内给水管材认知 ………………………………………… 30
3.2.2　给水安装 …………………………………………………… 30
3.2.3　水压测试 …………………………………………………… 32
3.2.4　室内排水安装 ……………………………………………… 33
3.2.5　给排水施工验收 …………………………………………… 35

项目小结 ……………………………………………………………………… 36

习题 …………………………………………………………………………… 36

项目四　楼地面装饰工程施工 ……………………………………………… 37

任务 4.1　楼地面装饰工程认知 ………………………………………… 39
4.1.1　楼地面的组成及功能 ……………………………………… 39
4.1.2　楼地面的分类 ……………………………………………… 40
任务 4.2　楼地面装饰工程施工 ………………………………………… 41
4.2.1　天然石材地面施工 ………………………………………… 41
4.2.2　活动地板地面施工 ………………………………………… 43
4.2.3　陶瓷地砖与锦砖地面施工 ………………………………… 45
4.2.4　木地板地面施工 …………………………………………… 49
4.2.5　塑料地板地面施工 ………………………………………… 54
4.2.6　地毯的铺设 ………………………………………………… 55
4.2.7　地面工程常见问题及对策 ………………………………… 60
4.2.8　地面工程质量验收标准 …………………………………… 61

项目小结 ……………………………………………………………………… 67

习题 …………………………………………………………………………… 67

项目五　门窗装饰工程施工 ·· 68

任务 5.1　门窗装饰工程施工认知 ······························· 70
　5.1.1　门窗的主要功能 ··· 70
　5.1.2　门窗的形式 ··· 70
　5.1.3　门窗的组成 ··· 71

任务 5.2　门窗装饰工程施工 ···································· 73
　5.2.1　木门的施工要点 ··· 73
　5.2.2　木窗的安装 ··· 75
　5.2.3　铝合金门窗的装饰工程施工 ································· 75
　5.2.4　塑钢门窗的装饰工程施工 ··································· 78
　5.2.5　门窗玻璃的装饰工程施工 ··································· 82

项目小结 ··· 84

习题 ··· 84

项目六　墙面装饰工程施工 ·· 85

任务 6.1　抹灰类饰面施工 ······································ 87
　6.1.1　抹灰工程分类与组成 ······································· 87
　6.1.2　抹灰材料 ··· 89
　6.1.3　抹灰常用的机具 ··· 89
　6.1.4　作业条件及基层处理 ······································· 90
　6.1.5　抹灰基本操作 ··· 91
　6.1.6　装饰抹灰 ··· 96
　6.1.7　抹灰质量标准与通病防治 ··································· 100
　抹灰工程实训 ··· 103

任务 6.2　涂饰工程施工 ·· 106
　6.2.1　涂饰工程的施工方法 ······································· 106
　6.2.2　外墙涂饰工程施工 ··· 107
　6.2.3　内墙涂饰工程施工 ··· 108

任务 6.3　贴面类饰面施工 ······································ 111
　6.3.1　内外墙瓷砖工程施工 ······································· 111
　6.3.2　内外墙石材工程施工 ······································· 118
　6.3.3　玻璃镜面工程施工 ··· 123
　6.3.4　饰面板（砖）工程质量验收标准 ····························· 125
　陶瓷面砖镶贴工艺实训 ··· 128

任务 6.4　裱糊与软包工程施工 ……………………………………………… 131

　6.4.1　裱糊工程 …………………………………………………………… 131

　6.4.2　软包工程施工 ……………………………………………………… 139

　6.4.3　裱糊工程质量标准与通病防治 …………………………………… 142

项目小结 …………………………………………………………………………… 144

习题 ………………………………………………………………………………… 144

项目七　墙柱面镶板饰面施工 ……………………………………………… 145

任务 7.1　墙柱面镶板饰面施工认知 ………………………………………… 148

　7.1.1　内墙做法 …………………………………………………………… 148

　7.1.2　隔墙做法 …………………………………………………………… 149

任务 7.2　墙柱面镶板饰面施工 ……………………………………………… 150

　7.2.1　木龙骨镶板施工 …………………………………………………… 150

　7.2.2　墙柱软包饰面施工 ………………………………………………… 154

　7.2.3　轻钢龙骨板饰面施工 ……………………………………………… 155

　7.2.4　金属板柱饰面施工 ………………………………………………… 158

项目小结 …………………………………………………………………………… 163

习题 ………………………………………………………………………………… 164

项目八　顶棚装饰施工 ……………………………………………………… 165

任务 8.1　顶棚装饰施工概述 ………………………………………………… 168

　8.1.1　吊顶的功能 ………………………………………………………… 168

　8.1.2　吊顶装饰的施工要求 ……………………………………………… 169

　8.1.3　吊顶的种类 ………………………………………………………… 169

　8.1.4　吊顶的构造 ………………………………………………………… 170

任务 8.2　顶棚装饰施工 ……………………………………………………… 173

　8.2.1　木龙骨吊顶施工 …………………………………………………… 173

　8.2.2　轻钢龙骨吊顶施工 ………………………………………………… 178

　8.2.3　铝合金龙骨吊顶施工 ……………………………………………… 183

　8.2.4　其他吊顶工程施工 ………………………………………………… 185

　8.2.5　吊顶工程质量验收标准 …………………………………………… 187

　铝合金龙骨纸面石膏板吊顶实训 ………………………………………… 191

项目小结 …………………………………………………………………………… 192

习题 ………………………………………………………………………………… 193

项目九　其他装饰工程 ·························· 194

任务 9.1　招牌装饰工程施工 ·························· 196

9.1.1　招牌制作 ·························· 196

9.1.2　招牌安装 ·························· 197

9.1.3　施工安全要求 ·························· 198

任务 9.2　橱窗展台施工 ·························· 199

9.2.1　测量放线 ·························· 199

9.2.2　安装前的施工准备 ·························· 200

9.2.3　预埋件安装 ·························· 200

9.2.4　钢型材或铝型材框架安装 ·························· 201

9.2.5　钢化玻璃板块安装 ·························· 201

9.2.6　耐候密封胶嵌缝 ·························· 202

9.2.7　清洁收尾 ·························· 202

任务 9.3　细木工工艺基础 ·························· 203

9.3.1　材料的识别 ·························· 203

9.3.2　木质材料的作用、性能与特点 ·························· 203

9.3.3　材料的保护 ·························· 204

9.3.4　木工的基本技术 ·························· 204

9.3.5　木工施工工艺规范 ·························· 206

任务 9.4　玻璃装饰施工工艺 ·························· 207

9.4.1　玻璃屏风施工 ·························· 207

9.4.2　厚玻璃装饰门安装施工 ·························· 208

9.4.3　注玻璃胶封口的操作方法 ·························· 209

9.4.4　玻璃镜安装施工 ·························· 209

9.4.5　玻璃砖隔墙施工 ·························· 210

项目小结 ·························· 210

习题 ·························· 210

参考文献 ·························· 211

项目一 建筑装饰施工的认知

 教学目标

建筑作为人类生活，休息和从事各种生产活动的场所，其主要目的在于为人类提供功能完善和良好的空间环境，达到美化生活的目的。

建筑装饰施工是将建筑装饰设计变为现实的过程，使建筑空间和环境得以再次创造。因此建筑装饰施工是工程与艺术的统一，是建筑物理、精神和技术的功能的体现。

建筑装饰施工概述让学生了解建筑装饰施工的内容、概念、特点，建筑装饰施工的范围和等级标准，使学生初步具备对建筑装饰施工的施工能力与检测能力，为后续项目的学习奠定基础。

 教学要求

能力目标	知识要点	权重	自测分数
掌握建筑装饰装修工程施工的任务与内容	建筑装饰的概念	10%	
	建设装饰装修的特点	10%	
	建筑装饰装修施工的特点	10%	
	建筑装饰工程施工的验证性	10%	
掌握建筑装饰装修工程的分类和等级标准	建筑装饰装修工程分类及等级	15%	
	建筑装饰装修等级标准	10%	
熟知建筑装饰装修工程规范要求	建筑装饰装修工程的一般规定	5%	
	住宅装饰装修工程的基本规定	10%	
	建筑装饰装修工程质量验收	10%	
了解建筑装饰装修行业的发展前景	新世纪下中国建筑装饰装修业的巨大市场活力	10%	

项目导读

　　建筑装饰装修施工总述，主要包括建筑装饰装修工程施工的特点、分类和范围及等级标准。如建筑装饰的概念，建筑装饰装修的特点和作用，建筑装饰装修的发展，建筑装饰装修的基本规定、质量验收、室内环境污染及控制和检测。

　　本项目所讨论的是建筑装饰施工，也是一般建筑装饰装修都具有的内涵，为后续项目的学习打下良好的基础。

 引例

　　2009 年 2 月 9 日晚 8 时 27 分，在全国人民都在燃放焰火庆祝传统的元宵佳节时，央视新楼因为燃放焰火不当而引起一场火灾。这场大火燃烧约 6 个小时，使得这个还未来得及全面展示其风采的文化中心外立面受毁严重，给国家财产带来了重大损失。一幢如此雄伟的摩天大楼因为燃放焰火的小火星而烧毁，这给整个建筑装饰行业带来了极大的震撼。

　　在建筑中为了表现建筑师的灵感，结构特异的高层建筑，一般是钢结构建筑或部分采用钢结构。因此在建筑装饰施工中要根据不同的建筑采用不同的施工方法和技术，这就是建筑装饰的特点所能决定的。只有了解建筑装饰的特点，才能真正达到建筑装饰设计美的效果。

央视新大楼火灾现场

 案例小结

　　建筑装饰施工所进行工艺、材料的选用、施工水平决定了建筑的使用寿命，建筑装饰施工人员只有正确了解建筑施工工艺、手法，才能充分发挥建筑装饰的特点和规范，严格按照建筑装饰装修的工艺进行，为创造优质建筑产品而努力。

任务 1.1　建筑装饰装修工程施工的特点

1.1.1　建筑装饰装修的概念

建筑装饰装修是在建筑设计及建筑装饰设计的基础上，利用色彩、质感、陈设、家具造型等手段，引入声、光、热等基本要素，按照空间的组合规律进行的二度创作，并采用各种装饰材料和现代施工工艺方法，为人们创造出既能满足建筑功能，又具有艺术审美价值的完美空间。

建筑装饰装修是一个古老而综合性很强的边缘性学科，因此掌握它的内部规律有利于建筑业的发展。

1.1.2　建筑装饰装修的特点

①建筑装饰属于边缘性学科。

②建筑装饰是技术与艺术的结合。

③建筑装饰具有周期性。我国建筑的耐久年限为 5～100 年，而建筑装饰是 5～10 年，国外为 5 年。不提倡新三年旧三年缝缝补补又三年的装饰，要充分体现其先进性、超前性的理念。

④造价（经济观）。可以说黄金有价，装饰无价。

1.1.3　建筑装饰装修施工的特点

①工程量大。

②施工工期长。

③耗用劳动量大。

④占建筑总造价比例较高。

⑤材料、工艺更新速度快。

⑥建筑装饰施工过程的严肃性。

建筑装饰工程施工是实现艺术与技术的统一，要求施工人员要严格认真地对待，正确理解设计理念、选用材料以及使用先进工艺，施工人员必须持证上岗，应有设计能力和施工技术，严格执行国家法规和各项政策，确保施工质量和安全。

⑦建筑装饰工程施工的规范性。

国家相关部门经过多次的试验和论证，制定了各种操作规程和各项工程验收规范，一切操作工艺和饰面质量均应满足国家规范的要求，这是保证质量的基本要求。为了提高质量，降低工程成本，国家制定了一系列统一的设计和施工验收规范。主要有：《建筑装饰装修工程质量验收规范》（GB 50210—2001）、《玻璃幕墙工程技术规范》（JGJ 102—

2003)、《金属与石材幕墙工程技术规范》（JGJ 133—2001）、《建筑地面工程施工质量验收标准》（GB 50209—2002）、《住宅装饰装修工程施工规范》（GB 50327—2001）、《建筑涂饰工程施工及验收规范》（JGJ/T 29—2003）、《外墙饰面砖工程施工及验收规范》（JGJ 126—2000）、《塑料门窗安装及验收规范》（JGJ 103—1996）、《木结构工程施工质量验收规范》（GB 50206—2002）和《建筑工程饰面砖粘结强度检验标准》（JGJ 110—1997）等。验收标准的内容分为抹灰工程、涂料工程、裱糊工程、门窗工程、轻质隔墙工程、软包工程以及细部处理工程。还制定了操作规程，施工操作规程比施工验收规范低一个等级，如在验收中与施工验收规范相抵触，应以规范为准。

⑧建筑装饰工程施工的验证性

建筑装饰工程施工是建筑的最后一道工序，设计的风格、空间的布置、施工质量的好坏直接关系到工程质量。所以，为了质量可采用实物样板来保证装饰效果和工程质量。

实物样板指全部装饰施工前完成的实物样品，称为样板或样板间，可以检验设计效果，找出差距，发现问题，进行修改，补充完善设计；还可以检验工艺、材料、机具、施工人员的水平。实物样板可以有效地解决设计深度不一的问题，便于施工操作和质量标准的统一。

1.1.4　建筑装饰装修的作用

①保护建筑结构系统，提高建筑结构的耐久性。

为了提高建筑的寿命，保护建筑的主体结构免受外界因素的破坏，运用建筑装饰施工的手法能有效地保护建筑，提高建筑结构的耐久性，延长建筑的寿命。

②改善和提高建筑物的围护功能，满足建筑物的使用要求。

建筑的装饰与装修都是为了更好地达到功能的要求，便于人的居住。无论住宅、写字楼还是公共建筑，都必须达到功能的要求，实现功能与艺术的统一。

③美化建筑的内、外环境，提高建筑的艺术效果。

人们在建筑物中活动，建筑装饰工程的元素又每时每刻都在人的视觉、感觉、意识、情感直接感觉空间环境之内，并通过建筑装饰营造的环境给人一种享受，其综合艺术效果影响着人的审美情趣，达到空间美化的目的。

任务 1.2　建筑装饰装修工程的分类和等级标准

1.2.1　建筑装饰装修工程的分类

（1）按装饰装修部位分类　室内装饰装修，室外装饰装修。

（2）按装饰装修材料不同分类　各类灰浆材料类，水泥石渣材料类，各类天然、人造石材类，各种卷材类，各种涂料类，各种罩面板材类。

1.2.2　建筑装饰装修的等级标准

建筑装饰装修应达到的等级标准见表 1-1。

表 1-1　　　　　　　　　按使用性质和耐久性规定

建筑等级	建筑物性质	耐久年限
一	适用于重要建筑与高层建筑	100 年以上
二	适用于一般性建筑	50～100 年
三	适用于次要建筑	25～50 年
四	适用于临时性建筑	15 年以下

由表 1-1 考虑到不同建筑类型对建筑装饰的要求，结合我国的国情，建筑装饰工程划分为如下 3 个等级，见表 1-2。

表 1-2　　　　　　　　　建筑物的类型规定

建筑装饰等级	建筑物的类型
一	高级宾馆、别墅、纪念性建筑、大型博物馆、观演厅、交通、体育建筑、一级行政机关办公楼、市级商场
二	科研建筑、高建建筑、普通博览观演、交通、体育建筑、广播通信建筑、医疗建筑、商业建筑、旅馆建筑和局级以上行政办公楼等
三	中小学、托幼建筑、生活服务性建筑、普通行政办公楼和普通居住建筑

由于建筑装饰行业发展迅猛，新材料、新技术日新月异，装饰水平和等级标准都不断提高，为了让人们生活得更加美好，上述标准不能一概而论，还会随着时间的推移不断提高。

特别提示

建筑装饰装修的等级和耐久性关系到建筑装饰装修层次和档次，在装饰装修中不同的等级所进行工序和难度是不同的。

任务 1.3 建筑装饰装修工程规范要求

1.3.1 建筑装饰装修工程的一般规定

根据国家标准 GB 50210—2001《建筑装饰装修工程质量验收规范要求》，建筑装饰装修工程执行以下规定。

（1）设计

①建筑装饰装修工程必须进行设计，并出具完整的施工图设计文件。

②承担建筑装饰装修工程设计的单位应具备相应的资质，并应建立质量管理体系。由于设计原因造成的质量问题应由设计单位负责。

③建筑装饰装修设计应符合城市规划、消防、环保、节能等有关规定。

④承担建筑装饰装修工程设计的单位应对建筑物进行必要的了解和实地勘察，设计深度应满足施工要求。

⑤建筑装饰装修工程设计必须保证建筑物的结构安全和主要使用功能。当涉及主体和承重结构改动或增加荷载时，必须由原结构设计单位或具备相应资质的设计单位核查有关原始资料，对既有建筑结构的安全性进行核验、确认。

⑥建筑装饰装修工程的防火、防雷和抗震设计应符合现行国家标准的规定。

⑦当墙体或吊顶内的管线可能产生冰冻或结露时，应进行防冻或防结露设计。

（2）材料

①建筑装饰装修工程所用材料的品种、规格和质量应符合设计要求和国家现行标准的规定。当设计无要求时应符合国家现行标准的规定。严禁使用国家明令淘汰的材料。

②建筑装饰装修工程所用材料的燃烧性能应符合现行国家标准《建筑内部装修设计防火规范》（GB 50222）、《建筑设计防火规范》（GBJ 16）和《高层民用建筑设计防火规范》（GB 5045）的规定。

③建筑装饰装修工程所用材料应符合国家有关建筑装饰装修材料有害物质限量标准的规定。

④所有材料进场时应对品种、规格、外观和尺寸进行验收。材料包装应完好，应有产品合格证书、中文说明书及相关性能的检测报告；进口产品应按规定进行商品检验。

⑤进场后需要进行复验的材料种类及任务应符合本标准的规定。同一厂家生产的同一品种、同一类型的进场材料应至少抽取一组样品进行复验，当合同另有约定时应按合同执行。

⑥当国家规定或合同约定应对材料进行见证核测时，或对材料的质量发生争议时，应进行见证核测。

⑦承担建筑装饰装修材料检测的单位应具备相应的资质，并应建立质量管理体系。

⑧建筑装饰装修工程所使用的材料在运输、保存和施工过程中，必须采取有效措施防止损坏、变质和污染环境。

⑨建筑装饰装修工程所使用的材料应按设计要求进行防火、防腐和防虫处理。

⑩现场配制的材料如砂浆、胶黏剂等，应按设计要求或产品说明书配制。

（3）施工

①承担建筑装饰装修工程施工的单位应具备相应的资质，并应建立质量管理体系。施工单位应编施工组织设计并应经过审查批准。施工单位应按照既有的施工工艺标准或经审定的施工技术方案施工，并对施工全过程实行质量控制。

②承担建筑装饰装修工程的施工人员应有相应的岗位资格证书。

③建筑装饰装修工程的施工质量应符合设计要求和本标准的规定，由于违反设计文件和本标准规定施工造成的质量问题应由施工单位负责。

④在建筑装饰装修工程施工中，严禁违反设计要求擅自改动建筑主体、承重结构或主要使用功能；严禁未经设计确认和有关部门批准擅自拆改水、暖、电、燃气、通信等配套设施。

⑤施工单位应遵守有关环境保护的法律法规，并应采取有效措施控制施工现场的各种粉尘、废气、废弃物、噪声、振动等对周围环境造成的污染和危害。

⑥施工单位应遵守有关施工安全、劳动保护、防火和防毒的法律法规，应建立相应的管理制度，并应配备必要的设备、器具和标识。

⑦建筑装饰装修工程应在基体或基层的质量验收合格后施工。对既有建筑进行装饰装修前，应对基层进行处理并达到本标准的要求。

⑧建筑装饰装修工程施工前应有主要材料的样板或做样板间（件），并应经有关各方确认。

⑨墙面采用保温材料的建筑装饰装修工程，所用保温材料的类型、品种、规格及施工工艺应符合设计要求。

⑩管道、设备等的安装及调试应在建筑装饰装修工程施工前完成，当必须同步进行时，应在饰面层施工前完成。装饰装修工程不得影响管道、设备等的使用和维修。涉及燃气管道的建筑装饰装修工程必须符合有关安全管理的规定。

⑪建筑装饰装修工程的电器安装应符合设计要求和国家现行标准的规定。严禁不经穿管直接埋设电线。

⑫室内外装饰装修工程施工的环境条件应满足施工工艺的要求。施工环境温度不应低于5℃。当必须在环境温度低于5℃施工时，应采取保证工程质量的有效措施。

⑬建筑装饰装修工程施工过程中应做好半成品、成品的保护，防止污染和损坏。

⑭建筑装饰装修工程验收前应将施工现场清理干净。

1.3.2 住宅装饰装修工程的基本规定

住宅装饰装修工程的基本规定涉及以下几个方面：

①施工基本要求。

②材料设备基本要求。

③成品保护。

④防火安全。

⑤室内环境污染控制。

⑥防水工程。

1.3.3　建筑装饰装修工程的质量验收

建筑装饰装修工程质量验收有关规定如下：

①检查分项工程应由监理工程师组织施工单位专业质量负责人进行验收。

②分部分工程应由总监理工程师组织施工单位技术质量负责人进行验收。

③单位工程完工后，施工单位自行组织人员进行检查评定，并向建设单位提交工程验收报告。

④建设单位收到工程验收报告后，应由建设单位负责人组织施工、设计监理等单位负责人进行单位工程验收。

⑤单位工程由分包单位施工时，分包单位对所承包工程任务应按标准规定的程序检查评定，各总包单位应派人参加。分包工程完成后，应将工程有关资料交总包单位。

⑥当参加验收各方对工程质量验收意见不一致时，可请当地建设行政主管部门或工程质量监督机构协调处理。

⑦单位工程质量验收合格后，建设单位应在规定时间将工程验收报告和有关文件报建设行政管理部门备案。

1.3.4　建筑装饰装修室内环境污染及控制

建设部《民用建筑工程室内环境污染控制规范》对建筑物内氡、甲醛、苯、氨、总挥发性有机化合物（TVOC）含量的控制指标作了强制性规定，并提出了如下具体要求：

①提高对建筑装饰装修工程室内环境污染严重性和控制室内环境污染紧迫性的认识，各地建设行政主管部门要把控制室内环境污染作为确保建筑工程质量和居民身体健康的一项重要工作，抓实抓好。

②在勘察设计和施工过程中严格执行《民用建筑工程室内环境污染控制规范》。

③建立民用建筑工程室内环境竣工验收检测制度。

④加强对建筑工程室内环境质量的监督管理。

特别提示

建筑装饰室内环境污染的检测，对建筑物内氡、甲醛、苯、氨、总挥发性有机化合物（TVOC）含量的控制指标作了强制性规定，有利于保证建筑物的卫生指标，保护居住者的安全。要加强检验手法和标准的运用。

任务 1.4 建筑装饰装修行业的发展前景

（1）发展前景

新世纪下中国建筑装饰装修业具有巨大的市场活力，主要表现在以下几个方面：

①全国城乡住宅装饰装修热的兴起为行业的发展提供了巨大的市场空间。

②中高级宾馆、饭店的装饰进入更新改造期。

③公共建筑、商业建筑市场潜力巨大。

④城市环境艺术装饰正成为建筑装饰业的一个新兴市场，前景可观。

⑤建筑装饰装修材料、施工工艺的开发和生产走绿色环保道路已成为业内外的共识，成为人们追求和努力的共同目标。

⑥建筑装饰装修技术进入高星级水平，同时向着高档化、多元化方向发展。

（2）促进建筑装饰发展的几项措施

①加强建筑装饰装修业的行业管理。

②努力提高建筑装饰设计水平。

③组建专业化的建筑装饰装修企业。

④大力培养建筑装饰装修人才。

⑤重视新型材料的研制开发。

项目小结

本项目是建筑装饰施工的重要内容，了解这些内容，有利于建筑装饰施工的学习、研究与操作，为培养学生的动手能力打下坚实的基础。

建筑装饰施工主要是掌握建筑装饰工程的特点，建筑装饰工程施工的任务和作用，建筑装饰施工的规范和等级标准。

建筑装饰的特点：主要包括建筑与装饰的统一标准，建筑装饰工程的特点和建筑装饰工程施工的特点。在建筑装饰工程施工的特点中要明确建筑装饰工程施工的严肃性、规范性、实物验证性。

习题

1. 建筑装饰工程的特点是什么？
2. 建筑装饰工程施工的等级标准与范围有哪些？
3. 建筑装饰工程施工的概念是什么？
4. 建筑装饰施工的作用是什么？

项目二　建筑装饰施工图的识读

 教学目标

　　本项目主要通过讲解"制图标准"和"建筑装饰施工图的识图方法与步骤",教会学生读懂建筑装饰施工图。培养学生初步具备读图的能力,为能顺利施工奠定基础。

 教学要求

能力目标	知识要点	权重	自测分数
掌握制图标准	平面图的图样画法	10%	
	立面图的图样画法	10%	
	剖面图的图样画法	10%	
掌握装饰施工图的识图方法与步骤	建筑装饰施工图的特点	5%	
	装饰平面图的表达	20%	
	装饰顶棚图的表达	20%	
	装饰立面图的表达	20%	
	装饰剖面图、详图的表达	5%	

 项目导读

　　建造一幢房屋从设计到竣工,要由许多专业和不同工种工程共同配合来完成。按专业分工不同,可分为建筑施工图(简称建施)、结构施工图(简称结施)、电气施工图(简称电施)、给排水施工图(简称水施)、采暖通风与空气调节(简称空施)及装饰施工图(简称装施)。本项目由于受篇幅限制,只能就建筑施工图的绘制步骤及其识读方法做一简要介绍,其他施工图的识读方法此处不作介绍。

　　建筑施工图主要用来表达建筑设计的内容,即表示建筑物的总体布局、外部造型、内部布置、内外装饰、细部构造及施工要求。它包括首页图、总平面图、建筑平面图、立面图、剖面图和建筑详图等，是组织施工和编制预、决算的依据。

 引例

曾经有人为一对老人设计家装，采用深黑色的黑胡桃面板，打了很多的柜子，屋子里满眼都是黑色，加之一楼光线本身不太好，楼前还有一座很高的楼挡住了早晚的阳光。这对老人住进去半年，就得了老年抑郁症，一进到这个房间就觉得胸闷、心堵。两位老人都住进了医院，医院里有很多活泼的小孩子，孩子们带着大人们送的玩具，老人和孩子们在一起，才觉得心情开阔起来。等老人稍好一点后，儿女们将老人接回原来的房子，可是一进屋老人们的病又犯了。儿女们开始研究，是不是房子有问题，请了风水先生过来看，风水先生说房子本身没有问题，不过就是室内的阴气太盛，其原因是装修的颜色太深。建议他们重新装修房子，减少不必要的柜子，选用浅一点的颜色，或许就会好一些。儿女们去找了一家大一点的装修公司，请最好的设计师过来设计，设计师将木制的面板改为红樱桃，房门和柜门全部采用白混油，并在房门上贴了一些彩色的图案，将原本室内的两道隔断全部拆除，只在餐厅与厨房间设计了两扇玻璃滑动门。墙面的颜色也丰富起来。老人们看到后，很开心，说仿佛找到童年的感觉，住进去以后，发现电费每个月比原来减少了20元，早晚也不用太早开灯了。

房子是生活的一部分，设计房子就是在设计生活。也许你不经意的设计，会给别人带来压抑；也许你不经意的设计，会给别人带来能源的浪费；也许你不经意的设计，会给别人带来身体上的伤害……

作为设计师，我们要更多地去读懂生活，去为别人创造出更新更好的生活，因此，让我们去认真体验生活吧，让我们的设计带着一种感情、一种健康、一种时尚和一种欢乐吧！

在建造厂房、住宅、公路、铁路、水坝、水闸、装饰装修时，都离不开图样。图样可以对工程对象进行完整而明确的描述和说明，是施工或制造的依据，因而是工程上重要的必不可少的技术文件。

建筑装饰施工图是按照装饰设计方案确定的空间尺度、构造做法、材料选用、施工工艺等，并遵照建筑装饰设计规范所规定的要求编制的用于指导装饰施工的技术文件。装饰工程施工图同时也是进行造价管理、工程监理等工作的主要技术文件。装饰工程施工图按施工范围分室内装饰施工图和室外装饰施工图。

 案例小结

建筑装饰工程图是为了表达建筑施工完成之后所要再进行二次室内空间设计、施工的说明性图纸。设计中应根据室内设计的原理、人体工程学、用户使用要求等方面要求等空间展开布置、进行图纸设计。

任务 2.1　建筑制图标准

制图标准参考中华人民共和国国家标准 GB/T 50104—2001《建筑制图标准》（Standard for architectural drawings）。图样画法如下：

（1）平面图

①平面图的方向宜与总图方向一致。平面图的长边宜与横式幅面图纸的长边一致。

②在同一张图纸上绘制多于一层的平面图时，各层平面图宜按层数由低向高的顺序从左至右或从下至上布置。

③除顶棚平面图外，各种平面图应按正投影法绘制。

④建筑物平面图应在建筑物的门窗洞口处水平剖切俯视（屋顶平面图应在屋面以上俯视），图内应包括剖切面及投影方向可见的建筑构造以及必要的尺寸、标高等，如需表示高窗、洞口、通气孔、槽、地沟及起重机等不可见部分，则应以虚线绘制。

⑤建筑物平面图应注写房间的名称或编号。编号注写在直径为 6mm 细实线绘制的圆圈内，并在同张图纸上列出房间名称表。

⑥平面较大的建筑物，可分区绘制平面图，各区应分别用大写拉丁字母编号，但每张平面图均应绘制组合示意图。在组合示意图中要提示的分区，应采用阴影或填充的方式表示。

⑦顶棚平面图宜用镜像投影法绘制。

⑧为表示室内立面在平面图上的位置，应在平面图上用内视符号注明视点位置、方向及立面编号，如图 2-1 所示。

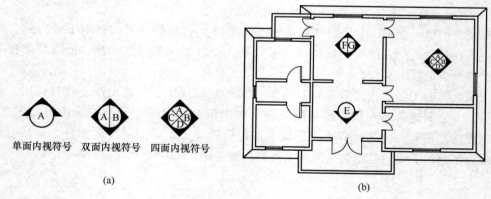

单面内视符号　　双面内视符号　　四面内视符号

(a)　　　　　　　　　　　　　　　　　　　　(b)

图 2-1　内视符号及其应用

（a）内视符号　　（b）平面图上内视符号的应用

（2）立面图

①各种立面图应按正投影法绘制。

②建筑立面图应包括投影方向可见的建筑外轮廓线和墙面线脚、构配件、墙面做法

及必要的尺寸和标高等。

③室内立面图应包括投影方向可见的室内轮廓线和装修构造、门窗、构配件、墙面做法、固定家具、灯具、必要的尺寸和标高及需要表达的非固定家具、灯具、装饰物件等。

④平面形状曲折的建筑物，可绘制展开立面图、展开室内立面图。圆形或多边形平面的建筑物，可分段展开绘制立面图、室内立面图，但均应在图名后加注"展开"二字。

⑤较简单的对称式建筑物或对称的构配件等，在不影响构造处理和施工的情况下，立面图可绘制一半，并在对称轴线处画对称符号。

⑥在建筑物立面图上，相同的门窗、阳台、外檐装修、构造做法等可在局部重点表示，绘出其完整图形，其余部分只画轮廓线。

⑦在建筑物立面图上，外墙表面分格线应表示清楚，应用文字说明各部位所用面材及色彩。

⑧有定位轴线的建筑物，宜根据两端定位轴线号编注立面图名称（如：①～⑩立面图）。无定位轴线的建筑物可按平面图各方的朝向确定名称。

⑨建筑物室内立面图的名称，应根据平面图中内视符号的编号或字母确定（如：①立面图）。如图 2 - 2 所示。

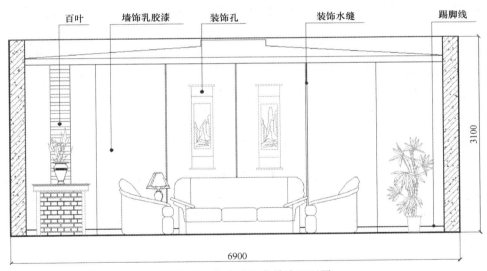

图 2 - 2　室内沙发背景墙立面图

（3）剖面图

①剖面图的剖切部位，应根据图纸的用途或设计深度，在平面图上选择能反映全貌、构造特征以及有代表性的部位剖切。

②各种剖面图应按正投影法绘制。

③建筑剖面图内应包括剖切面和投影方向可见的建筑构造、构配件以及必要的尺寸、标高等。

④剖切符号可用阿拉伯数字、罗马数字或拉丁字母编号。

⑤画室内立面图时，相应部位的墙体、楼地面的剖切面宜有所表示。必要时，占空间较大的设备管线、灯具等的剖切面应在图纸上绘出。

任务 2.2　装饰施工图的识图方法与步骤

2.2.1　建筑装饰施工图的特点

虽然建筑装饰施工图与建筑施工图在绘图原理和图示标识形式上有许多方面基本一致，但由于专业分工不同，图示内容不同，总是存在着一定的差异。其差异反映在图示方法上主要有以下几个方面：

①建筑装饰施工图中常出现建筑制图、家具制图、园林制图和机械制图等多种画法并存的现象。

②建筑装饰施工图所要表现的内容多，它不仅要标明建筑的基本结构（是装饰设计的依据），还要标明装饰的形式、结构与构造。

③建筑装饰施工图图例部分无统一标准，多是在流行中互相沿用，各地多少有点大同小异，有的还不具有普遍意义，不能让人一看就懂，需加文字说明。

④标准定型化设计少，可采用的标准图不多，致使基本图中大部分局部和装饰配件都需要专画详图来表明其构造。

⑤建筑装饰施工图由于所用比例较大，有的是建筑物某一装饰部位或某一装饰空间的局部图示，笔力比较集中，有些细部描绘比建筑施工图更细腻。

2.2.2　建筑装饰施工图的组成

建筑装饰工程图由效果图、建筑装饰施工图和室内设备施工图组成。建筑装饰施工图分为基本图和详图两部分。基本图包括装饰平面图、装饰立面图、装饰剖面图，详图包括装饰构配件详图和装饰节点详图。装饰平面图包括装饰平面布置图和顶棚平面图。如图 2-3 所示。

（1）装饰平面布置图

装饰平面布置图的主要内容和表示方法如下：

①建筑平面的基本结构和尺寸：装饰平面布置图是再表示建筑平面图的有关内容，包括建筑平面图上由剖切引起的墙柱断面和门窗洞口，定位轴线及其编号，建筑平面结构的各部尺寸，室外台阶、雨篷、花台、阳台及室内楼梯和其他细部布置等内容。

②装饰结构的平面形式和位置：装饰平面布置图需要标明楼地面、门窗和门窗套、护壁板或墙裙、隔断、装饰柱等装饰结构的平面形式和位置。

门窗的平面形式主要用图例表示，其装饰应按比例和投影关系绘制。平面布置图上应标明门窗是内装、外装还是中装，并应注上它们各自的设计编号。

③室内外配套装饰设置的平面形状和位置：装饰平面布置图还要标明室内家具、陈

(a)

(b)

图 2-3 宜宾市腾达镇春风村农村住宅改造设计效果图

(a) 客厅装饰效果图 (b) 餐厅装饰效果图

设、绿化、配套产品和室外水池、装饰小品等配套实体的平面形状、数量和位置。这些布置当然不能将实物原形画在平面布置图上，只能借助一些简单、明确的图例来表示，见表 2-1。

表 2-1 图例

图例	说明	图例	说明
	双人床		立式小便器
			装饰隔断 （应用文字说明）
	单人床		玻璃护栏
		ACU	空调器

续表

图例	说明	图例	说明
	沙发（特殊家具根据实际情况绘制其外轮廓线）		电视
	坐凳	W	洗衣机
	桌	WH	热水器
	钢琴		灶
			地漏
	地毯		电话
	盆花		开关（涂黑为暗装，不涂黑为明装）
			插座
	吊柜		配电盘
食品柜　茶水柜　矮柜	其他家具可在柜形或实际轮廓中用文字注明		电风扇
			壁灯
	壁柜		吊灯
			洗涤器
	浴盆		污水池
	坐便器		淋浴器
	洗脸盆		蹲便器

　　④装饰结构与配套布置的尺寸标注：为了明确装饰结构和配套布置在建筑空间内的具体位置和大小，以及与建筑结构的相互关系，平面布置图上的另一主要内容就是尺寸标注。

　　平面布置图的尺寸标注也分外部尺寸和内部尺寸。外部尺寸一般是套用建筑平面图的轴间尺寸和门窗洞、洞间墙尺寸，而装饰结构和配套布置的尺寸主要在图形内部标注。内部尺寸一般比较零碎，直接标注在所表示的内容附近。若遇重复相同的内容，其尺寸可代表性地标注。

为了区别平面布置图上不同平面的上下关系，必要时也要注出标高。为了简化计算、方便施工，装饰平面布置图一般取各层室内主要地面为标高零点。平面布置图上还应该标注各种视图符号，如剖切符号、索引符号、投影符号等。

投影符号可以说是装饰平面布置图所特有的视图符号，它用于标明室内各立面的投影方向和投影面编号。如图 2 - 4 所示。

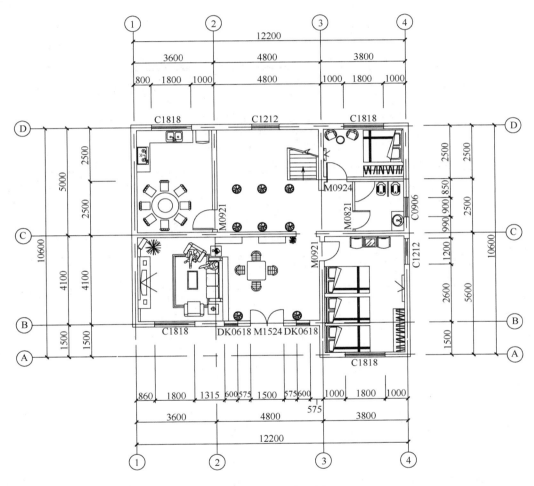

图 2 - 4　平面布置图

（2）顶棚平面图

顶棚平面图的基本内容与表示方法如下：

①表明墙柱和门窗洞口位置。

②顶棚平面图一般都采用镜像投影法绘制。

③顶棚平面图一般不图示门窗及其开启方向线，只图示门窗过梁底面。

④表明顶棚装饰造型的平面形式和尺寸，并通过附加文字说明其所用材料、色彩及工艺要求。

通过顶棚平面图上的文字标注，了解顶棚所用材料的规格、品种及其施工要求。通过顶棚平面图上的索引符号，找出详图对照阅读，弄清楚顶棚的详细构造。如图 2 - 5 所示。

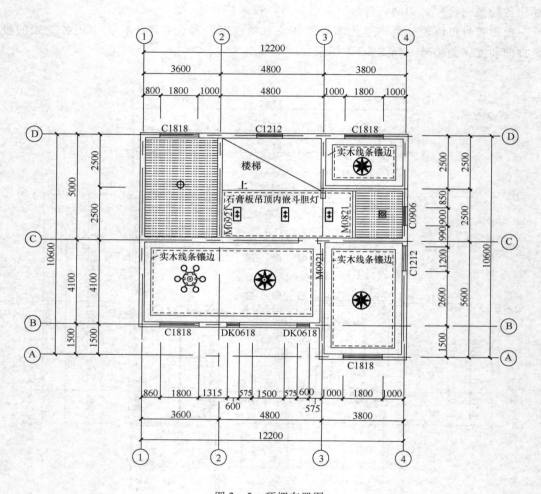

图 2 - 5　顶棚布置图

（3）建筑装饰立面图

①装饰立面图的组成：包括室外装饰立面图和室内装饰立面图。室外装饰立面图是将建筑物经装饰后的外部形象向铅直投影面所作的正投影图。它主要标明屋顶、檐头、外墙面、门头与门面等部位的装饰造型、装饰尺寸和饰面处理，以及室外水池、雕塑等建筑装饰小品布置等内容。室内装饰立面图的形成比较复杂，且形式不一。

②建筑装饰立面图的基本内容和表示方法：在装饰立面图上使用相对标高，即以室内地面为标高零点，并以此为基准来标明装饰立面图上有关部位的标高，建筑装饰立面图的线型选择和建筑立面图基本相同。

　　a. 标明室内外立面装饰的造型和式样，并用文字说明其饰面材料的品名、规格、色彩和工艺要求。

　　b. 标明室内外立面装饰造型的构造关系和尺寸。

　　c. 标明各种装饰面的衔接收口形式。

　　d. 标明室内外立面上各种装饰（如壁画、壁挂、金属字等）的式样、位置和尺寸大小。

　　e. 标明门窗、花格、装饰隔断等设施的高度尺寸和安装尺寸。

　　f. 标明室内外景园小品或其他艺术造型体的立面形状和高低错落位置尺寸。

　　g. 标明室内外立面上的所用设备及其位置尺寸和规格尺寸。

　　h. 标明详图所示部位及详图所在位置。作为基本图的装饰剖面图，其剖切符号一般不应在立面图上标注。

　　i. 作为室内装饰立面图，还要标明家具和室内配置产品的安放位置和尺寸。

　　装饰立面图如图2-6所示。

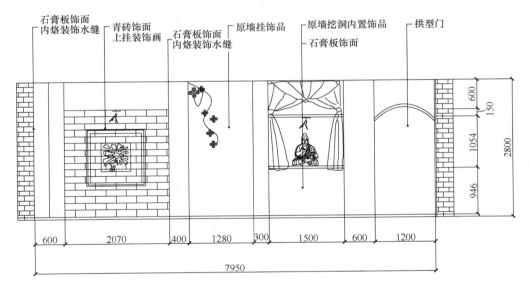

图2-6　装饰立面图

　　（4）装饰剖面图

　　装饰剖面图是用假想平面将室外某装饰部位或室内某装饰空间垂直剖开而得的正投影图。它主要表明上述部位或空间的内部结构情况，或者装饰结构与建筑结构、结构材料与饰面材料之间的构造关系等。

　　建筑装饰剖面图的基本内容如下：

　　①标明建筑的剖面基本结构和剖切空间的基本形状，并注出所需的建筑主体结构的有关尺寸和标高。

　　②标明装饰结构的剖面形状、构造形式、材料组成及固定与支承构件的相互关系。

　　③标明装饰结构与建筑主体之间的衔接尺寸与连接方式。

④标明剖切空间内可见实物的形状、大小与位置。

⑤标明装饰结构和装饰面上的设备安装方式或固定方法。

⑥标明某些装饰构配件的尺寸、工艺做法与施工要求，另有详图的可概括表明。

⑦标明节点详图和构件详图的所示部位与详图所在的位置。

⑧如是建筑内部某一装饰空间的剖面图，还要标明剖切空间与剖切平面平行的墙面装饰形式、装饰尺寸、饰面材料与工艺要求。

⑨标明图名、比例和被剖切墙体的定位轴线及其编号，以便与平面布置图和顶棚平面图对照阅读。

（5）装饰详图

建筑装饰所属的构配件任务很多。包括各种室内配套设置体，还包括结构上的一些装饰构件。

装饰构配件详图的主要内容有：详图符号、图名、比例；构配件的形状、详细构造、层次、详细尺寸和材料、比例；构配件各部分所用材料的品名、规格、色彩以及施工做法和要求；部分尚需放大比例详示的索引符号和节点详图。

阅读装饰构配件详图时，应先看详图符号和图名，弄清楚从何图索引而来。有的构配件详图自有立面图和平面图，有的装饰构配件图的立面形状或平面形状及其尺寸就在被索引图样上，不再另行画出。因此，阅读时要注意联系被索引图样，并进行周密的核对，检查它们之间在尺寸和构造方法上是否相符。通过阅读，了解各部件的装配关系和内部结构，紧紧抓住尺寸、详图做法和工艺要求三个要点。

▌项目小结

本项目是学习建筑施工课程应首先具备的基础知识和理论，也是全书的重点内容之一。概括起来，通过学习建筑装饰施工图的识读，培养学生的空间观念，建立并丰富空间想象能力，为设计构思创作提供基础，在掌握制图理论与绘图技术的基础上，使学生学会绘制与阅读建筑施工图、装饰工程施工图，熟悉制图的有关标准规定和表达方法，掌握装饰施工图的图示内容及图示方法和图示特点，掌握绘制和阅读建筑装饰工程施工图的基本技能，为今后生产实践及后续课程的学习打好基础。

▌习题

1. 列举装饰施工图的组成及常用图例符号。

2. 列出装饰施工图各个图样的常用比例和图线要求。

3. 简述装饰施工图的图示内容、识图与绘制的方法和步骤。

项目三　水电工程施工

 教学目标

通过了解水电工程施工的基本要点，掌握装饰墙强、弱电路和给排水施工的方法和要求，为后续装饰施工工序作准备。

 教学要求

能力目标	知识要点	权重	自测分数
掌握装饰强、弱电路施工特点	强、弱电管的安装施工	20%	
	强、弱电线的安装	30%	
掌握装饰给排水安装施工的基本要求	水管的安装	35%	
	水力试验	10%	
了解水电管道开槽的方法	开槽的方法	5%	

 项目导读

在装饰施工中，最初电线线路以"一户一把闸刀"的家庭布线格局延续了很多年，随着人们生活水平的日益提高，使用家用电器增多，电线线路承载的负荷增加，经常出现跳闸甚至失火等现象，传统安装工艺和用电观念面临着挑战。目前，电线安装工艺已经由最初的串联安装发展到现在的多回路并联、大弯、活线等施工方法，前端设置多功能集成家庭配电箱，杜绝了安全隐患。然而，水管的安装工艺一直没有技术突破，依然是传统的串联式安装方法。虽然水管管材材料从金属管、塑料管到铝塑管的不断更新换代，可是水管的连接始终都要通过一个个的管件来实现。以目前最常使用的 PP – R 管道为例，管材与管件的连接需要通过人工完成热熔安装，热熔机的温度、模头的清洁度、管材管件的清洁卫生、热熔深度、热熔时间、冷却时间、周边环境、工人技术等因素，都会影响整个水路的安装质量。一户家装水管线路的连接点达上百个，因此在安装中稍有疏忽就会遗留下多个漏水隐患，随着使用年限的增加，这些潜伏在你脚下的"定时炸弹"随时就会迸发，让消费者经常被地板渗水、接头漏水等问题弄得焦头烂额，甚至还会影响到其他家庭。

 引例

2013 年 3 月北京市某小区业主包先生在装修 3 个月后，乔迁新居，正好电信部门在小区内免费给业主安装电话，包先生也申请了一个，但是，电信部门安装后发现，一接通电话线就烧断了，装修公司使用的电话线属于伪劣产品。不仅如此，在入住新居半年年后发现照明线路有跳闸现象，橱柜中的排水管渗水等一系列在装修工程验收时未发现的问题。本来包先生对装修效果非常的满意，但听专业人士介绍，水电工程没有做好，表面装饰得再漂亮也是徒劳，要解决以上问题必须重新返工，之前的装饰要拆，这让包先生陷入深深的苦恼中。不拆，新居会有安全隐患，拆了，之前 3 个月的时间白白浪费，还要投入更多的资金。

 案例小结

水电工程是装饰施工的隐蔽工程，它的施工质量关系着后续工程和施工的整体效果。只有正确掌握水电工程施工工艺才能整体把握施工质量，才能采取有效的防范措施，避免事故的发生。

任务 3.1　水电工程施工

3.1.1　开槽

"入住新房不到 1 年，房屋质量没有问题，墙体怎么会开裂呢？"在发现房屋墙体出现明显的裂痕后，李先生就一直与开发商协商解决房屋维修赔偿的问题，但开发商坚持认为房屋墙体开裂可能与装修质量有关。双方最后协商决定委托房屋检测部门对房屋进行安全鉴定，而鉴定结果让李先生吃惊的是，鉴定结果显示，房屋的建筑主体受损，承重结构发生变化，是房屋墙体开裂的主要原因。此时，刘先生才恍然大悟：在装修时，他曾要求施工人员直接在房屋的梁柱上开凿通道，还重新设计房屋的内部格局，以节省水管、电线、悬挂臂等的安装费用。

在施工过程中无论是承重墙还是轻体墙，都应严格要求做到开槽横平竖直，另外开槽时也不能打断钢筋。虽然在轻体墙上开横槽不影响整体房屋的结构，但考虑到这样对轻体墙本身的结构有影响，所以都不允许在墙上开横槽。

3.1.1.1　开槽施工工艺

弹线（确定开槽位置）→云石机开槽（依照弹线位置）→清槽埋管→浇水湿润、砂浆嵌填（细石混凝土封堵）→铺钉钢丝网→后续工序

3.1.1.2　开槽要求

①严格按照图纸和规范要求标记管埋设路线，不偏埋、不漏埋。

②开槽使用切割机。地面使用专用的混凝土切割机，不得随意打凿。

③清槽必须清扫干净，并浇水湿润。

④在线管槽与墙体交接处铺钢丝网，加射钉绷紧且每边搭接长度不小于 50mm。

⑤确保线管表面要有不少于 80mm 的粉刷层。

⑥确定开槽宽度：根据信号线的多少确定 PVC 管的多少，进而确定槽的宽度。

⑦确定开槽深度：若选用 16mm 的 PVC 管，则开槽深度为 20mm；若选用 20mm 的 PVC 管，则开槽深度为 25mm。

⑧线槽外观要求：横平竖直，大小均匀。

⑨线槽的测量：暗盒、槽独立计算，所有线槽按开槽起点到线槽终点测量，线槽宽度如果放两根以上的管，应按 2 倍以上来计算长度。

3.1.1.3　封槽要求

①封槽前将线槽边打毛成不规则锯齿形。

②补粉前开槽处浇一定的水分进行湿润处理。

③基层采用水泥砂浆抹平至线管表面。

④防裂层挂钢丝网，槽边延伸不少于 50mm。

⑤基层采用水泥砂浆补粉，不可以一次成型。

3.1.2　强、弱电管的安装施工

强、弱电管是线路安装之前必不可少的工序，在安装过程中一般有明装和暗装两种方式。无论明装还是暗装，现浇混凝土楼板、墙、柱、梁内配管随墙砌砖配管。暗敷管路都须与土建主体工程密切配合施工，并由土建主体工程施工中应给建筑物标高。配管时要尽量减少转弯，沿最短路径，经综合考虑确定合理管路敷设部位和走向，确定盒箱的正确位置。另外，应根据现场实际敷设施工图，加工好各种管弯和盒箱。

3.1.2.1　暗管敷设

①敷设的基本要求：敷设于多尘和潮湿场合的电线管路、管口、管卡连接处应做密封处理；电线管路的敷设应沿最近的线路敷设并尽量减少弯曲，埋入墙或混凝土内的管子，离表面的距离应不小于 15mm。埋入地下的电线管路不应穿过设备基础。

②预制加工：镀锌管的管径为 20mm 及以下时，要拗棒弯管；管径为 25mm 时使用液压弯管器；塑料管采用配套弹簧操作。

③管子切断：钢管应用钢锯、割管锯、砂轮锯进行切割；将需要切割的管子量好尺寸，放入钳口内牢固后进行切割。切割口应平整，不歪斜，管口乱锉光滑、无毛刺，管内铁屑除净。塑料管采用配套截管器操作。

④钢管套丝：钢管套丝采用套丝板，应根据管外径选择相应板牙，在套丝过程中，要均匀用力。

⑤测定盒、箱位置：应根据设计要求确定盒、箱轴线位置，以土建弹出的水平线为基准，挂线找正，标出盒、箱实际尺寸位置。

⑥固定盒、箱：先稳定盒、箱，然后灌浆，要求砂浆饱满、牢固、平整、位置正确。对现浇混凝土板墙固定盒、箱，加支铁固定；对现浇混凝土楼板，将盒子堵好，随底板钢筋固定牢固，管路配好后，随土建浇筑混凝土施工同时完成。

⑦管路连接：镀锌钢管必须用管箍丝扣连接，套丝不得有乱扣现象，管口锉平，要求平整光滑，管箍必须使用通丝管箍，接头应牢固紧密，外漏丝应不超过 2 扣；塑料管连接应采用配套的管件和黏结剂。管路超过下列长度，无弯时超过 30m，有一个弯时超过 20m，两个弯时超过 15m，有三个弯时超过 8m，应加装线盒，其位置应便于穿线。

⑧管进盒、箱连接：盒、箱开孔应整齐，用开孔器在盒、箱上开孔。保证开孔无毛刺，要求一管一孔。不得开长孔。铁制盒、箱严禁用电焊、气焊开孔，钢管进入盒、箱，管口应用螺母锁紧，露出锁紧螺母丝扣的 2~3 扣。两根以上管进入盒、箱，要长度一致，间隔均匀，排列整齐。塑料管进入盒、箱应采取锁扣进行固定。

⑨管暗敷设方式：

a. 随墙（砌体配管）：配合土建工程砌墙配管时，管子外保护层不小于 15mm。管口向上者应封好，以防止水泥砂浆或其他杂物堵塞管子。往上引管有吊顶时，管上端应弯成 90°弯进入吊顶内。有顶板向下引管时不宜过长，以达到开关盒上口为准，等砌好隔墙，先固定盒后接短管。

b. 现浇混凝土楼板配管：先确定箱、盒位置，根据墙体的厚度，弹出十字线，将堵好的盒固定然后敷管。有两个以上盒子时，要拉直线。管进入盒子的长度要适宜，管路每隔 1m 要用铅丝捆扎牢固。

⑩暗管敷设完，在自检合格的基础上，应通知业主或监理代表检查验收，并认真填写隐蔽工程验收记录。

3.1.2.2 明管敷设

①明配管路的施工方法，一般为配管沿墙、支架、吊架敷设，管子在敷设前应按设计图纸或标准图，加工好各种支架、吊架和大钢管的预弯制。

②管弯、支架、吊顶预制加工：明配管或砌埋墙内配管的弯曲半径应不小于管外径的 6 倍，埋入混凝土中管的弯曲半径不应小于管外径的 10 倍。虽然设计图中对支吊架的规格无明确要求，但不得小于以下规格：扁铁支架 30mm×3mm，角钢支架 25mm×25mm×3mm。

③测定盒、箱及固定点位置：根据施工图纸，首先确定盒、箱与出线口的位置，然后按测出的位置，按管路的水平、垂直走向拉出直线，按照规定的固定点间距尺寸要求，确定支架、吊顶的具体位置。固定点的距离应均匀，管卡与终端、转弯中点、电气器具或接线盒边缘的距离为 150～300mm，并保持一定距离。中间管卡的最大距离见表 3-1。

表 3-1	明配管中间管卡最大距离一览表				单位：mm
配管类别	管径				
	15-20	25-32	32-40	50-65	65 以上
壁厚>2mm（钢管）	1500	2000	2500	2500	3000
壁厚≤2mm（钢管）	1000	1500	2500	—	—
硬塑料管	1000	1500	1500	2000	2000

④支吊顶的固定方法：根据工程的结构特点，支吊架的固定主要采用膨胀管（即在混凝土楼板上打孔，用膨胀螺栓固定）和抱箍法（即在遇到钢机构梁柱时，用抱箍将支吊架固定）。

⑤变形缝处理：穿越变形缝的钢管应有补偿装置。

⑥接地连接：镀锌管管路应作整体接地连接，穿越建筑物连接缝时，接地线应有补偿装置。接头两端应用配套的接地卡，采用 4mm² 的铜芯绝缘线作为跨接线。

3.1.2.3 预埋强、弱线管工艺流程

①剪力墙预埋：

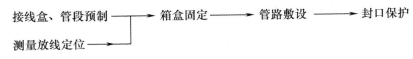

②楼板预埋：

3.1.2.4　施工工艺

（1）放线定位

开关、插座、灯位盒必须严格按实际图纸和规范来定位。开关、插座的测量定位分为三个方面：平面位置、高度、与墙面的凹凸距离。要按各种器具设计高度安装其接线盒。对剪力墙上的线盒，以土建柱筋上的红记顶端为 50cm 基准来测量，同时各接线盒之间用水平管复测标高是否一致。接线盒的平面位置必须以轴线为基准来测定，用土建墙线来复核。

开关盒的平面位置，如果在设计图上没有明确标注具体尺寸，则要求如下：

①墙中的开关应与灯位盒对齐。

②门边的开关一般应在门开的一侧，开关盒与门洞边净距 15cm（如加上门框则为 20cm），如图 3-1 所示。

③如果门垛窄于 37cm，则开关安在转角的另一面墙上，开关盒边距转角 20cm。

④如果墙垛宽 37~60cm，则开关设在墙垛中心线上。

⑤如果开关在阳角处，则距阳角线 20cm，如图 3-1 所示。

⑥壁灯的灯位盒应在 2.4m 以上，低于 2.4m 应加 PE 线。壁灯开关宜在其垂直正下方。

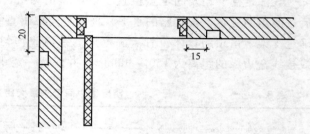

图 3-1　墙内开关安装

（2）安装接线盒

为了达到优良的观感，接线盒预埋位置必须准确整齐。开关插座盒必须按测定的位置进行安装固定，上下左右都用钢筋夹住，焊在竖向钢筋上。然后吊线测量盒口与墙面的凹凸距离，调整线盒与墙面平齐后，用扎丝捆住。

（3）钻孔

对于从楼板往下引到砖墙开关插座的管线，需要预先在梁模板上钻孔。钻孔前必须按照建筑图、结构图确定砖墙的准确位置，保证钻孔在砖墙范围内。

（4）管线敷设

一般管路应严格按设计布管，沿最近的方向敷设，使走向顺直，减少弯曲。但是板内严禁三层管交叉重叠；平行的两根 PVC 管间距应大于 5cm；板内 PVC 管之间的交叉角必须大于 45°；同一根 PVC 管与另两根交叉的间距必须大于 20cm。如果按直线布管不能满足上述要求，则布管宜适当绕行。

下列情况之一应在中间加一个过线盒：管路无弯曲，管长没超过 30m；管路有一个弯曲，管长每超过 20m；管路有两个弯曲，管长每超过 15m；管路有三个弯曲，管长每超过 8m。

PVC 管路固定点的间距应不大于 1m，距端头、弯曲中点不大于 0.5m。

（5）封口保护

①凡向上的管口和埋到混凝土体内的接线盒必须封堵严密，防止杂物进入管内。

②从地面弯起至砖墙的插座管，采用钢筋制作成门字支架，焊接固定在梁筋上，伸

出楼板面约 10cm，然后将 PVC 管绑扎在支架上，以防止 PVC 管被压弯压断。

③PVC 管在混凝土浇筑时必须派专人值班加强保护，防止振捣时位移或损坏；值班人员必须看护至混凝土浇筑完毕，中途不得离岗，发现预埋管盒被损坏时应及时修复。

3.1.2.5 质量标准

（1）保证任务

PVC 管的材质、品种、规格、质量及适用场所必须符合设计要求和施工规范的规定。

（2）基本任务

①管子敷设连接紧密，管子切口光滑，保护层大于 15mm，箱盒设置正确，固定可靠，管进箱盒处顺直，管在箱盒内露出的长度应小于 5mm。

②管路穿过变形缝有补偿装置，补偿装置能活动自如；穿过建筑物基础和设备基础处加套管保护。

③暗配管的弯曲半径不应小于管外径的 10 倍；弯曲处不应有褶皱、凹陷和裂缝，且弯扁程度不应大于管外径的 10%。

④线盒不得凸出墙面，凹进墙面不得大于 5mm。开关、插座盒在同一室内，高差不得大于 5mm；同一面墙上并列的开关、插座盒，高差不得大于 1mm。

3.1.2.6 预埋强、弱线管施工注意事项

①塑料管不应有折扁、裂缝，管内无杂物，切口应平整，管口应刮光。

②塑料电线管的连接采用胶水粘接，在管接头两端应与楼板底筋绑扎牢固。

③塑料管粘接必须牢固严密，并在管道口塞上塑料管塞，防止灌浆塞管。

④混凝土楼板、墙及砖结构内各种开关、插座底盒、灯位接线盒与管的连接必须采用接线头连接，严禁将塑料管直接伸入接线盒内。

⑤对于暗敷于混凝土内的接线盒，要求用湿水泥纸或塑料泡沫填满内部，不能用水泥纸包其外面。预埋在楼板、剪力墙内的塑料线管、接线盒应固定牢固，以防移位。

3.1.2.7 预埋强、弱线管测量定位

①明配管应在建筑物装饰面完成后进行。在配管前应按照设计图纸确定配电设备位置和各种箱、盒及用电设备位置，并将箱、盒与建筑物固定牢固，然后根据明配管线应横平竖直的原则，顺线路的水平方向和垂直方向进行弹线定位，支吊架固定点的距离应均匀，管卡与终端、转弯中点、电气器具或接线盒边缘距离为 150 ~ 500mm。

②明配管弯曲半径应不小于管外径 6 倍，同时不应小于所穿入电缆的最小允许弯曲半径。

③配管时要注意每根电缆管弯头不宜超过 3 个，直角弯不宜超过 2 个。

④管路超过一定长度时，应加装接线盒，其位置便于穿线。明配管在通过建筑物伸缩缝时各沉降缝应采取补偿措施。

3.1.3 强、弱电线的安装

3.1.3.1 强电系统施工工艺要求

①每户应设置分户配电箱，配电箱和漏电箱应安装在易操作位置，便于日常维修。

并分数路出线，分别控制照明、空调、插座等，其回路应确保负荷正常使用。箱体的底面离地面高度宜为 1.8m。原配电箱位置一般不可移位，若需移位要加过渡盒，并与设计、监理确定方案，在监理指导下方能进行施工。

②电路排布：所有空调各自为一路，所有照明为一路，厨房插座为一路（厨房、卫生间单放插座），卫生间用电设施及卫生间插座为一路，除厨、卫以外的所有普通插座为一路，不同的房型均可参照以上的办法。

③两路线的零线、地线不能共用。两路线不能穿同一管内，电线和暖气、热水、煤气管之间的平行距离不应小于 300mm，交叉距离不应小于 100mm。

④入户总开最少 60A，客厅和空调最好为 40A。

⑤卫生间安装浴霸的应单独分路，线直径为 $2.5mm^2$；卫生间内安装热水器时应单独分路，视容量大小确定用线截面，一般为 $2.5 \sim 4mm^2$。

⑥厨房用电：厨房需要单独分路，线径 $2.5mm^2$。

⑦普通插座与灯具超过 25 只的需增加分路进行控制。

⑧导线色标：配电箱及各回路配线均需规范要求进行分色。

⑨配线时，相线与零线的颜色应不同，同一住宅相线（L）颜色应统一，零线（N）宜用蓝色，保护线（PE）必须用黄绿双色线。穿入配管导线的接头应设在接线盒内，接头搭接应牢固，绝缘带包缠应均匀紧密。

⑩文明施工，规范施工。

3.1.3.2　弱电系统施工工艺要求

①电话必须使用专用电话线穿线管敷设，不能与其他线混穿一管。

②TV 有线电视线必须采用符合要求的同轴电缆线（宽频 7.5Ⅱ），并严禁对接，有线网络线的弯曲半径大于或等于 8D（R 为 64mm）。

③TV 有线电视线严禁与网络线混穿一管。

④强、弱电线严禁在同一根管内敷设，不得接入同一个接线盒。

⑤强、弱电线管间距要大于 15mm。电话线、电视线等信号线不能和电线平行走线。

⑥四终端以下的安装应采用分频器（分配器）。分配器必须安装在 120 型的大方线盒内（TV 盒），以减少电平信号的损失，同时又便于维修。

⑦进行通电实验，检查所有电器元件的工作状态功能是否正常。

⑧留足音响线出口的长度，方便以后移位（应留足 1m 距离），并保护。

⑨施工完毕后由电工绘制电路图（电器排列平面图、系统图）。

⑩电工必须持证上岗，配备规范电工工具。

⑪电工工作时必须穿绝缘鞋，必须两人以上操作，严禁穿短裤进行工作，文明施工。

3.1.3.3　灯具的安装工艺要求

①灯具的安装最基本的要求就是牢固。

②室内安装壁灯、床头灯、台灯、落地灯、镜前灯等灯具时，高度低于 2.4m 及以下的灯具的金属外壳均应接地可靠，以保证使用安全。

③卫生间及厨房安装矮脚灯头时，宜采用瓷螺口灯头接线，相线（开关线）应接在中心触点端子上，零线接在螺纹端子上。

④对于台灯等带开关的灯头，为了安全，开关手柄不应有裸露的金属部分。

⑤装饰吊平顶安装各类灯具时，应按照灯具的安装说明和要求进行，对于重量大于3kg的灯具，应采用预埋吊钩或从屋顶用膨胀螺栓直接固定支吊架安装（能用吊平顶吊木龙骨支架安装灯具），不得挂在相邻的水管、电管上，必须独立吊挂。从灯头箱盒引出的导线应用软管保护至灯位，防止导线裸露在平顶内。

⑥轻型灯具可吊挂在原有或有附加大中龙骨上，但必须做加固处理。严禁吊挂在空调风管、水管和电管上。

⑦成排灯具的安装必须横平竖直，允许偏差不大于3mm。

⑧在吊平顶内与灯具连接的导线，必须有软管保护，不得裸线。

3.1.3.4　开关、插座安装工艺要求

①根据设计和客户方案要求确定开关、插座、灯具的相关位置。

②插座、开关安装牢固，四周无缝隙；面向电源插座的相线和零线的位置为右相左零；有接地孔的插座，其他线插座应为上方位置，接地应可靠。

③插座离地面应不低于200mm。同一室内应采用有防触电保护措施的插座；成排安装的插座高低不应大于2mm。

④开关、插座整洁无污迹。1.5m以下应采用有防触电保护措施的插座；线盒内导线应留有余量，长度宜为150mm。接线时相线进开关，零线直接进灯头，螺口灯头相线不应接外壳。

⑤照明灯开关距地面高度宜为1.3m，开关、插座距门口为150～200mm，开关不宜装在门后。

⑥出水口下方不要有插座和开关，左右距离有20mm。

⑦开关位置应与灯头位相对应，同一室内开关方向应一致。

⑧暗盒要平整，不能超出墙平面，安装在木质材料上的开关、插座的接线盒要接至面板底。线管要低于墙平面，与暗盒连接用暗盒螺母，开关、插座要在同一水平线上。

3.1.3.5　成品保护

①安装开关、插座时不得碰坏墙面，要保持墙面的清洁。

②开关、插座安装完毕后，不得再次进行喷浆，以保持面板的清洁。

③其他工种在施工时，不要碰坏和碰歪开关、插座。

3.1.3.6　应注意的质量问题

①开关、插座的面板不平整，与建筑物表面之间有缝隙。应调整面板后再拧紧固定螺丝，使其紧贴建筑物表面。

②开关未断相，插座的相线、零线及地线压接混乱，应按要求进行改正。

③多灯房间开关与控制灯具顺序不对应。在接线时应仔细分清各路灯具的导线，依次压接，并保证开关方向一致。

④固定面板的螺丝不统一（有一字螺丝和十字螺丝）。为了美观，应选用统一的螺丝。

⑤同一房间的开关、插座的安装高度偏差超出允许偏差范围，应予以更正。

⑥开关、插座箱内拱头接线应改为鸡爪接导线总头，再分支导线接各开关或插座端头。或采用LC安全型压线帽压接总头后，再分支进行导线连接。

任务 3.2 水管的安装与水力试验

3.2.1 室内给水管材认知

（1）钢塑复合管

钢塑复合管是指在钢管内壁衬（涂）一定厚度的塑料层复合而成的管材，钢塑复合管分衬塑钢管和涂塑钢管。

①衬塑钢管：采用紧衬复合工艺将塑料管衬于钢管内而成的复合管。

②涂塑钢管：将塑料粉末涂料均匀地涂敷于钢管表面并经加工而制成的复合管。

（2）交联铝塑复合管

交联铝塑复合管是指内层和外层为密度 ≥0.94g/cm³ 的聚乙烯或乙烯共聚物、中间层为增强铝管、层间用热熔紧密粘合为一体的管材。此种管材用作地板辐射采暖的加热管，内外层均应为交联聚乙烯，通常以 XPAP 标记。

（3）聚丁烯管

聚丁烯管是指由聚丁烯–1树脂添加适量助剂、经挤压而成的热塑性管材，通常以 PB 标记。

（4）交联聚乙烯管

以密度 ≥0.94g/cm³ 的聚乙烯或乙烯共聚物，添加适量助剂，通过化学的或物理的方法，使其线型的大分子交联成三维网状的大分子结构。由此种材料制成的管材，通常以 PE–X 标记。

（5）无规共聚聚丙烯管

无规共聚聚丙烯管是指以丙烯和适量乙烯的无规共聚物、添加适量助剂、经挤出成型的热塑性管材，通常以 PP–R 标记。

3.2.2 给水安装

（1）给水安装应具备的条件

室内埋地管应在底层土建地坪施工前安装。地下管道铺设必须在房心土回填夯实或挖到管底标高后进行，沿管线铺设位置清理干净，管道穿墙处已留管洞或安装套管，其洞口尺寸和套管规格符合要求，坐标、标高正确。暗装管道应在地沟盖板前或吊顶封闭前进行安装。室内暗敷的管道，应在内墙面、楼（地）面施工前进行安装，安装暂停时，敞开的管口应临时封堵。室内明敷管道，宜在墙面粉刷层（饰面层）完毕后进行安装。明装托、吊干管安装必须在安装层的结构顶板完成后进行。沿管线安装位置的模板及杂物需清理干净，托吊卡件均已安装牢固，位置正确。立管安装宜在主体结构完成后进行。高层建筑在主体结构达到安装条件后，适当插入进行。每层均应有明确的标高线，暗装竖井管道，应把竖井内的模板及杂物清除干净，并有防坠落措施。支管安装应在墙体砌筑完毕墙面未装修前进行。

（2）质量控制

①管道安装宜按照先地下后地上、先大管径后小管径的顺序进行。

②给水引入管与排水管的水平净距离不得小于1m。室内给水与排水管道平行敷设时，两管间的最小水平净距不得小于0.5m；交叉敷设时，垂直净距不得小于0.15m。给水管应铺在排水管上面，若给水管必须铺在排水管下面时，给水管应加套管，其直径不得小于排水管管径的3倍。

③室内埋地管道安装至外墙外应不小于1m，管口应及时封堵。

④钢塑复合管不得埋设于钢筋混凝土结构层中。

⑤管道穿过楼板、屋面，应预留孔洞或预埋套管，预留孔洞尺寸应为管道外径加40mm；管道在墙体内暗敷设需管槽时，管槽宽度应为管道外径加30mm；且管槽的坡度应与管道坡度一致。

⑥给水水平管道应有0.002~0.005的坡度坡向泄水装置。

⑦水表安装在便于检修、不受曝晒和污染、不易冻结的地方。安装螺翼式水表，表前与阀门应有不小于8倍水表接口直径的直线管段。表外壳距墙面净距为10~30mm；水表进水中心标高按照设计要求，允许偏差±10mm。

⑧管道安装时纵、横轴线不得扭曲，穿墙或穿楼板时不宜强制校正管道。

⑨管道与其他金属管道平行敷设时，管道之间应有不小于100mm的净保护距离，且聚丙烯管道宜在金属管内侧；管道不得敷设在热水管或蒸汽管上方，且平面位置应错开；与其他管道交叉时，应采取相应的保护措施。

⑩管道暗敷在地坪面层下时，应按照设计图纸的要求准确定位，施工时如需设计变更，应做好设计变更和隐蔽工程记录。

⑪管道嵌墙暗敷设时，应配合土建预留管槽，当设计无要求时，管槽的深度应比管道外径大20mm，宽度应比管道外径大40~60mm，管槽内、外必须平整、顺直，管道试压合格后，应做好水压试验和隐蔽工程记录，管槽应用M7.5级水泥砂浆填实。

⑫热水管道穿墙壁时，应预埋钢套管；冷水管道穿墙壁时，应预留孔洞，洞口尺寸应比管道外径大40mm。

⑬管道穿楼板时，应设置钢套管，套管应高出楼（地）面50mm；管道穿楼板、屋面时，应采取严格的防水措施，且在管道安装前用线坠找出固定支架位置，将固定支架安装牢固。

⑭室内地下管道敷设时应在土建回填土夯实后，再开挖安装管道。埋地管道回填时，应用砂土或颗粒径不大于5mm的土壤回填至管顶300mm处进行夯实。室内埋地管道的覆土厚度应不小于300mm。严禁将管道安装在松土上。

⑮管道出地坪处应设置保护管，其高度应高出地坪100mm。

⑯管道穿过基础时，必须设置金属套管。套管与基础墙预留孔上方的净空，若设计无规定时不应小于100mm。

⑰室外埋地引入管应敷设在冰冻线以下，一般覆土厚度不应小于700mm，并应采取

相应的保护措施。

⑱管道不得敷设在卧室、贮藏室及烟道和风道内。

⑲横管敷设宜不小于 0.002 ~ 0.005 的放空坡度。

⑳管道及管道支座（墩）严禁敷设在冻土和未经处理的松土上。

㉑冬季水压试验必须在 5℃ 以上进行，水压试验完毕后必须用空压机将管道系统吹洗干净。

㉒给水管道系统竣工后或交付使用前，必须冲洗。冲洗时，打开每个配水点的水嘴，不得留死角；系统最底点应设泄水口，要控制泄水口的水质与系统进水水质相当为止，冲洗时水流速度不宜小于 2.0m/s。

㉓管道系统冲洗完毕后，应用含 20 ~ 30mg/L 游离氯的清水灌满管道进行消毒，含氯水在管道中应静置 24h 以上。管道消毒后，再灌清水冲洗干净，经相关部门检验合格后，方可交付使用。

㉔采用丝扣连接的管道，管螺纹加工精度应符合国标《管螺纹》规定；螺纹清洁、规整、无断丝。

㉕采用法兰连接的管道，连接要平行、紧密，与管道中心垂直，螺杆露出螺母长度一致，且不大于螺杆直径 1/2。衬垫材质应符合设计要求和施工工艺的规定，不得用双垫。

㉖采用承插和套箍连接的管道，灰口密实、饱满；填料凹入承口边缘不大于 2mm；胶圈接口平直无扭曲；接口间隙准确，环缝间隙均匀。

㉗管道支（吊、托）架及管座（墩）的安装要求构造正确，埋设平整牢固，排列整齐，支架与管子接触应紧密。

㉘阀门安装要求其型号、规格、水压试验应符合设计要求和施工工艺的规定；安装的位置、进出口方向正确，连接牢固、紧密，启闭灵活，朝向合理，表面洁净。

㉙防腐和保温的管道，其采用的保温材料及结构应符合设计要求和施工工艺的规定，卷材与管道以及各层卷材间粘贴牢固，表面平整，无皱褶、空鼓、滑移和封口不严等缺陷。

㉚管道、箱类和金属支架涂漆，要求油漆的种类和涂刷遍数应符合设计要求，附着良好，无脱皮、起皮和漏刷，油漆厚度均匀，色泽一致，无流淌及污染现象。

㉛给水管道的甩口处应用丝堵堵封。

㉜隐蔽管道隐蔽后，应在墙面或地面做出隐蔽位置标志。

3.2.3 水压测试

各种承压管道系统和设备应做水压试验。试验时工程监理单位应安排专人全过程参与水压试验，做好相关记录，并签署承压管道系统（设备）强度和严密性水压试验记录。

当给水系统的管道线路较长、系统比较复杂时，可分层、分段或分系统进行水压试验。水压试验前应做好管道及设备系统的固定和保护措施，所有连接部位都应明露（不得进行保温、覆土等隐蔽工作）。

室内给水管道的水压试验必须满足设计要求。无规共聚聚丙烯（PP-R）管道冷水管试验压力为系统设计压力的 1.5 倍，不得小于 0.9MPa，热水管试验压力为系统设计压力的 2.0 倍，不得小于 1.2MPa。自动喷水灭火系统中当系统设计工作压力等于或小于 1.0MPa 时，水压强度试验压力应为设计工作压力的 1.5 倍，且不应低于 1.4MPa；当系统设计工作压力大于 1.0MPa 时，水压强度试验压力应为该工作压力加 0.4MPa。设计未注明时，各种材质的水压试验为工作压力的 1.5 倍，且不得小于 0.6MPa。

无规共聚聚丙烯等塑料管采用胶黏剂、热熔或电熔等连接方式，水压试验应在管道连接 24h 后进行。

（1）检验方法

金属及复合管给水管道系统在试验压力下观测 10min，压力降不应大于 0.02MPa，然后降到工作压力进行检查，应不渗不漏。塑料管给水系统应在试验压力下稳压 1h，压力降不得超过 0.05MPa，然后在工作压力的 1.15 倍状态下稳压 2h，压力降不得超过 0.03MPa，同时检查各连接处不得渗漏。自动喷水灭火系统中达到试验压力后，稳压 30min 后，管网应无泄漏、无变形，且压力降不应大于 0.05MPa。

（2）水压试验的步骤

①将试压系统的各配水点封堵，缓慢注水，同时将管内空气排出。

②管道充满水后，进行水密性检查。

③对管道进行加压，加压时采用手动压力泵缓慢升压，升压时间不应小于 10min。

④升压至要求的试验压力后，停止加压，稳压至规定时间，观察各接口处有无渗漏现象。

⑤系统及设备加压后发现有渗漏水或压力下降超过规定值时，应全面检查管道及设备，在排出渗漏水原因后，再按上述步骤重新试压，直至符合试压要求。

注：在环境温度低于 5℃ 以下进行水压试验时，应有防冻措施，试验完成后，应将系统内存水放尽。

3.2.4　室内排水安装

①室内排水管一般采用柔性接口机制排水铸铁管或硬聚氯乙烯塑料管。管径小于 50mm 时，可采用钢管。建筑物高度大于 30m 的排水立管，可采用给水普压铸铁管或可承受试验压力 0.25MPa 的承插式排水铸铁管和耐压排水塑料管，排水管的连接方式有承插式、套管式。对于承插连接的排水管道，安装时，其承口朝向应与水流方向相反（通气管例外）。排水塑料管的连接方式可采用粘接。

②管道安装应按施工图要求的位置、标高及敷设坡度进行施工。排水横管管径不小于排水支管管径，排水立管管径不小于排水横管管径，排出管管径不小于立管管径。管道穿过楼板、墙和基础时，应配合土建施工，按要求预留孔洞，预留孔洞尺寸见表 3-2。

表 3-2　　　　　　　　　　　　预留孔洞尺寸表　　　　　　　　　　　　单位：mm

管径	50	75 ~ 100	25 ~ 150	200	300
孔洞尺寸	150 × 150	200 × 200	250 × 250	300 × 300	400 × 400

③雨水管道不得与生活污水管相连接。雨水斗的连接应固定在屋面承重结构上。雨水斗边缘与屋面相连接处应严密不漏。当设计无要求时，连接管径不得小于100mm。高层建筑的雨水立管应采用耐压排水塑料管或柔性接口机制排水铸铁管。

④排出管是室内排水的总管。指由底层排水管到室外第一个排水检查井之间的管道。施工时，排出管与立管连接处宜采用两个45°弯头或弯曲半径不小于4倍管径的90°弯头，也可采用带清通口的弯头。

⑤与高层排水立管直接连接的排出管，弯管底部应用混凝土支墩承托或采取固定措施。排水管应埋设于冰冻线以下，严禁敷设在冻土和未经处理的松土上。在湿陷性黄土地区，排出管应做检漏沟。

⑥安装未经消毒处理的医院含菌污水管道，不得与其他排水管道连接。

⑦支架应固定在承重结构上，横管管卡间距不超过2m，立管管卡间距不超过3m，当楼层高度不超过4m时，立管上可设一个管卡，管卡距地面或楼面1.5~1.8m。管卡应设在承口上面，同一房间的支架应设置在同一高度。

⑧排水塑料管道支、吊架间距应符合表3-3的要求。

表3-3 排水塑料管道支、吊架最大间距表

管径/mm	50	75	110	125	160
立管/m	1.2	1.5	2.0	2.0	2.0
横管/m	0.5	0.75	1.10	1.30	1.60

⑨高层建筑中明设排水塑料管道应按设计要求设置阻火圈或防火套管，其设置条件是：a. 立管外径大于或等于110mm时；b. 立管穿楼板时；c. 横管穿越防火墙或楼板时。防火套管长度不小于500mm。阻火圈设于楼板下方。

⑩排水立管仅设伸顶通气管时，最低横支管与立管连接处至排出管管底的垂直距离 h 不得小于表3-4的要求。

表3-4 排出管管底的垂直距离 单位：m

建筑层数	垂直距离 h	建筑层数	垂直距离 h
≤4	0.45	13~19	3.0
5~6	0.75	≥20	6.0
7~12	1.20		

⑪塑料排水（雨水）管道伸缩节应符合设计要求，设计无要求时应符合以下规定：

a. 当层高小于或等于4m时，污水立管和通气管应每层设一个伸缩节。

b. 污水横支管、横干管、通气管、环形通气管和汇合通气管上无汇合管件的直线管段大于2m时，应设伸缩节，伸缩节之间的最大距离不得大于4m。

⑫伸缩节设置位置应靠近水流汇合管件，并应符合以下规定：

a. 立管穿越楼层处为固定支承且排水支管在楼板之下接入时，伸缩节应设置于水流汇合管件之下。

b. 立管穿越楼层处为固定支承且排水支管在楼板之上接入时，伸缩节应设置于水流汇合管件之上。

c. 立管穿越楼层处为不固定支承时，伸缩节应设置于水流汇合管件之上或之下。

d. 立管上无排水支管接入时，伸缩节可按伸缩节设计间距置于楼层任何部位。

e. 横管上设置伸缩节应设于水流汇合管件上游端。

f. 立管穿越楼层处为固定支承时，伸缩节不得固定；伸缩节处为固定支承时，立管穿越楼层处不得固定。

g. 伸缩节插口应顺水流方向。管端插入伸缩节处预留间隙为：夏季 5～10mm；冬季 15～20mm。

h. 埋地或埋设于墙体内的管道不应设置伸缩节。

⑬排水立管安装结束后，可安装横支管，应先查看施工图复核各卫生器具的坐标、位置。支管安装应考虑出楼板高度，大便器管口宜高出净地面 10～20mm，地漏宜低于净地面 5～10mm，面盆、菜盆、浴盆管口宜高出净地面 50～100mm。

⑭隐蔽横支管灌水试验及验收：对敷设于吊顶内、暗敷在卫生间地面内的管道，都应做隐蔽和灌水试验。

⑮管道通球试验及验收：球可以从立管顶部或立管检查口放入（球径为管内径的 2/3），从顶层支管用水管或水桶往管内注入一定量的水，球从排出管顺利流出为合格。

3.2.5　给排水施工验收

（1）验收的前提条件

给、排水管材料和水管配件的质量必须符合现行国家规定的标准，有生产厂名、厂牌、产品合格证，质保书等。

（2）验收的要求

①管道应使用专用工具安装，在装接时管口处必须用标准绞刀在铝塑管上做开坡口处理，防止损坏铜接头内部双层护圈，不得出现渗漏。

②各类阀门安装位置应符合设计要求，便于使用与维修。

③管道与管道、阀门连接处应严密，管道采用螺纹连接，在连接处应有外露螺纹。安装完毕应及时用管卡固定，不得有渗漏现象。

④阀门、水龙头安装位置宜端正，使用灵活方便，出水畅通无阻，水表运转正常。在满足使用的前提下，阀门、水表等可处于相对隐蔽的位置或适当进行表面装饰。

（3）验收的方法与常识

①检验上、下水走向是否正确，可根据图纸用目测的方法判定。

②检验冷、暖水管两个系统装接是否正确，一般热水管为红色，热水龙头开关中间有红色标识，可通过试水冷、热来验收。

③检验水管敷设与电源，燃气管位置，一般间距≥50mm，可用卷尺检验。

④铝塑复合管道进暗敷不宜绷紧拉直，可略留有余地，以免热水通过时管道膨胀变形、将接头胀裂显缝渗漏。可用目测判定略有弯曲即可。

⑤进墙水管略凹进墙，施工验收时注意与墙体取平，否则，后道工序进行后将有外

突感，可采用手感摸测。

项目小结

本项目学习室内水电施工应具备的基础知识和理论。掌握和了解这些性质对于认识、研究建筑装饰施工具有极为重要的意义。内容主要为装饰装修工程中的水电安装施工技术、施工规范及施工质量检验控制标准。同时也介绍了许多新材料、新工艺、新技术的使用、安装和相应的技术规程。

为了从建筑装饰装修工程水电安装的实际需要出发，重点结合国家现行施工验收规范及各种技术规程和质量评定标准，全面系统地介绍了各种水电安装技术、施工程序和施工组织管理中操作要点。

习题

1. 室内热水供应系统由哪几部分构成？热水管道安装有何特点？
2. 卫生器具分哪几类？对卫生器具的材质有何要求？
3. 简述预埋强、弱线管施工工艺。
4. 给排水施工质量标准是什么？

项目四 楼地面装饰工程施工

 教学目标

　　通过不同类型楼地面装饰工程施工工序的重点介绍，使学生能够对其完整施工过程有一个全面的认识；通过对施工工艺的深刻理解，使学生学会为达到施工质量要求正确选择材料和组织施工的方法，培养学生解决现场施工常见工程质量问题的能力；在掌握施工工艺的基础上，使学生领会工程质量验收标准。

 教学要求

能力目标	知识要点	权重	自测分数
根据不同的楼地面装饰要求，能够选择相应的装饰材料及机具	楼地面材料规格、性能、技术指标	5%	
	楼地面材料鉴别及运用	10%	
	楼地面工程机具安全操作	10%	
具备楼地面工程的组织指导能力	楼地面工程内部构造	15%	
	楼地面工程施工工艺流程	20%	
	楼地面工程施工操作要点	25%	
具备楼地面工程质量验收技能	楼地面工程质量验收标准	5%	
	楼地面工程质量检验方法	10%	

 项目导读

　　在生活中人们在楼地面上从事各项活动、安排各种家具和设备，地面要经受各种侵蚀、摩擦和冲击作用，在楼地面上进行各种饰面装饰，不仅提高了楼地面的耐久性，也使楼地面的使用功能与装饰美感有很大程度的改善。楼地面装饰已成为建筑装饰工程中不可缺少的重要组成部分。

引例

　　这是 2014 年发生在四川南充市某小区 3 号楼某住户进行建筑装饰施工时的事。按合同要求，6 个月完成。但建筑装饰公司在进行施工时，未认真进行施工组织设计，特别是楼地面施工，湿作业多，施工方案不够合理，导致整个工期延长。同时有的地面出现空鼓，质量不符合要求。后来导致时间延长，材料受到损失，业主要求重新返工。

　　楼地面工程的质量关系到整个建筑装饰的质量，由于楼地面装饰工程是多任务、多工种、多工序配合施工的复杂系统，因此地面装饰工程的统筹安排、合理穿插就显得十分重要。施工时必须选择合适的施工方案，对每道工序必须进行质量检查，严格按照施工进度计划的先后安排进行插入。施工前各分项装饰工程必须编制相应的施工作业指导书，以指导施工，其内容包含施工准备、施工工艺、质量标准及成品保护等；施工时，先做样板，经检查认可后可进行大面积施工，以保证整体装饰、细部处理统一、美观协调；地面装饰材料一次购进、统一配料，避免产生色泽差异；施工后，严格按照成品保护措施，预防为主、综合治理。最后一道工序完毕后，逐层清扫，保证成品完好，准备竣工验收。

 案例小结

　　只有正确的认识建筑材料、施工工艺、施工手法和技术规范，才能在施工中有的放矢，进行合理施工，以质量为前提，以合理的施工方案为保证，以正确的操作过程为保障，最终达到设计和质量标准的要求。

任务 4.1　楼地面装饰工程认知

4.1.1　楼地面的组成及功能

楼地面是建筑物底层地坪和楼层楼面的总称。楼地面是室内空间的重要组成部分，也是室内装饰工程施工的重要部位。楼地面一般由基层、垫层和面层三部分组成，如图4－1所示。

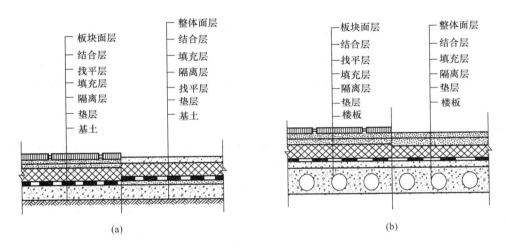

图 4－1　楼地面构造组成

（a）地面构造　　（b）楼面构造

（1）基层

地面基层多为素土或加入石灰、碎砖的夯实土；楼层的基层一般为水泥砂浆、钢筋和混凝土。其主要作用是承受室内物体荷载，并将其传给承重墙、柱或基础，要求地面有足够的强度和耐腐蚀性。

（2）垫层

垫层位于基层之上，具有找平、隔音、防潮、保温或敷设管道等功能上的需要。一般由低强度等级混凝土、碎砖三合土或沙、碎石、矿渣等散状材料组成。其主要作用是承担面层传来的荷载，并满足找平、结合、防水、防潮、隔音、弹性、保温隔热、管线敷设等功能的要求。

（3）面层

面层是地面的最上层，种类繁多。其主要作用是满足使用要求，直接受外界各种因素的作用。常用的面层材料有水泥砂浆、石材（大理石、花岗岩）、陶瓷锦砖、木地板、塑胶地板、活动地板以及地毯等。水泥楼地面做法如图 4 - 2 所示。

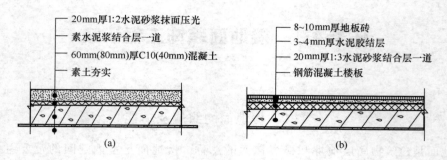

图 4 - 2　水泥楼地面做法
（a）水泥砂浆地面做法　　（b）水泥砂浆楼面做法

4.1.2　楼地面的分类

在不同环境和空间中，地面的形式、材质不同，可以体现不同的风格和档次，也具有不同的使用功能，地面装饰从形式到内容是多种多样的。楼地面的分类及品种见表 4 - 1。

表 4 - 1　　　　　　　　　　　　　　楼地面的分类及品种

	分类		品种
1	按建筑部位不同		室外地面、室内底层地面、楼地面和上人屋顶地面
2	按面层材料构造与施工方式不同		抹灰地面、粘贴地面和平铺地面
3	按面层材料规格、形式、出现的方式不同	整体地面	水泥砂浆地面、水磨石地面
		块材地面	陶瓷锦砖地面、石材地面（花岗岩、大理石）、木地面
		卷材地面	软质塑胶地面、地毯

特别提示

在空间中进行地面装饰，要根据具体空间的使用性质来选择适合的地面装饰材料、施工工艺类型，以达到使用和装饰的效果。地面的形式和种类应作为基础知识点来掌握。

任务 4.2　楼地面装饰工程施工

4.2.1　天然石材地面施工

石材板材是从天然岩体中开采出来、加工成块材或板材，再经过粗磨、细磨、抛光、打蜡等工序，加工成各种不同质感的高级装饰材料。

石材按其组成成分可分为两大类：一类是大理石，表面图案流畅，结构致密，强度较高，吸水率低，但硬度较低，不耐磨，抗侵蚀性能较差，一般多用于室内地面、墙面装修，不宜用于室外地面；另一类是花岗岩，结构致密，性质坚硬，耐酸、耐腐、耐磨，吸水性小，抗压强度高，耐冻性强，耐久性好，适用范围广。在地面装饰石材中，主要使用花岗岩板材。

石材地面是指采用天然大理石、花岗岩、预制水磨石板块、碎拼大理石板块以及新型人造石板块等装饰材料作饰面层的楼地面。常用于高级装饰工程，如宾馆、饭店、酒楼、写字楼的大厅地面、楼厅走廊、踢脚线等部位。

4.2.1.1　施工准备

（1）施工条件

①大理石、花岗石板块进场后，应侧立堆放在室内，光面相对，背面垫松木条，并在板下加垫木方。详细核对品种、规格、数量等是否符合设计要求，有裂纹、缺棱、掉角、翘曲和表面有缺陷的板块，应予剔除。

②室内抹灰（包括立门口、地面垫层、预埋在垫层内的电管及穿通地面的管线）均已完成。

③房间内四周墙上弹好高 50cm 水平线。

④施工操作前应画出铺设大理石地面的施工大样图。

⑤冬期施工时操作温度不得低于 5℃。

（2）材料

天然大理石、花岗石的品种、规格应符合设计要求，技术等级、光泽度、外观质量应符合国家标准《天然大理石建筑板材》《花岗石建筑板块》的规定。

地面所用石材一般为磨光的板材，块材厚度一般为 10～30mm，其成品规格一般为 300mm×300mm、400mm×400mm、500mm×600mm、600mm×600mm，也可根据设计要求加工，或用毛光板在现场按实际需要的规格尺寸切割。

水泥为硅酸盐水泥、普通硅酸盐水泥或矿渣硅酸水泥，其标号不宜小于 425 号。白水泥即白色硅酸盐水泥，其标号不小于 425 号。

砂为中砂或粗砂，其含泥量不应大于 3%。辅材为矿物颜料（擦缝用）、蜡、草酸。

（3）工具

铁锹、靠尺、抹子、橡皮锤（或木槌）、磨石机。

4.2.1.2　石材（石板）地面施工

（1）工艺流程

基层清理→试拼→弹线→预排→板块浸水→扫浆→铺水泥砂浆→铺板材→灌缝、擦缝→上蜡养护

（2）施工要点

①基层处理：在铺砌大理石板之前将混凝土垫层清扫干净（包括试排用的干砂及大理石块），然后洒水湿润，扫一遍素水泥浆。

②试拼：在正式铺设前，应按照设计要求的板材排列顺序，每间按照设计要求的图案、颜色、纹理进行试拼，尽可能使楼地面整体图案与色调和谐统一。试拼后按要求进行预排编号，随后按编号堆放整齐。

③弹线：在房间的主要部位弹出互相垂直的控制十字线，用以检查和控制大理石板块的位置，十字线可以弹在混凝土垫层上，并引至墙面底部。

④预排：在室内的两个相互垂直的方向，铺两条干砂，其宽度大于板块，厚度不小于3cm。根据施工大样图要求把大理石板块排好，以便检查板块之间的缝隙，核对板块与墙面、柱、洞口等的相对位置。

⑤铺砂浆：根据水平线，定出地面找平层厚度，拉十字线，铺找平层水泥砂浆（找平层一般采用1∶3的干硬性水泥砂浆，干硬程度以手攥成团不松散为宜）。砂浆从里往门口处摊铺，铺好后刮大杠、拍实，用抹子找平，其厚度适当高出根据水平线定的找平层厚度。

⑥铺石材板块：一般房间应先里后外进行铺设，即先从远离门口的一边开始，按照试拼编号，依次铺砌，逐步退至门口。在铺好的干硬性水泥砂浆上先试铺合适后，翻开石板，在水泥砂浆上浇一层水灰比0.5的素水泥浆，然后正式镶铺。安放时板材四角同时往下落，用橡皮锤或木槌轻击木垫板（不得用木槌直接敲击大理石板），根据水平线用铁水平尺找平，铺完第一块向两侧和后退方向顺序镶铺，如发现空隙应将石板掀起用砂浆补实再行安装。大理石（或花岗石）板块之间，接缝要严。缝隙宽度如设计无要求时，花岗石板、大理石板不应大于1mm。

⑦灌浆、擦缝：铺贴完成24h后，经检查石板表面无断裂、空鼓后，进行灌浆擦缝。根据大理石颜色选择相同颜色的矿物颜料、水泥拌和均匀，调成1∶1稀水泥浆，用浆壶徐徐灌入大理石板块之间缝隙，并随即用干布擦至无残灰、污迹为止。灌浆1~2h后，用棉丝杆蘸原稀水泥浆擦缝，与地面擦平，同时将板面上水泥浆擦净，然后对面层加以覆盖保护。铺好石板2d内禁止踩踏和堆放物品。

⑧上蜡养护：当板块接头有明显高低差时，待砂浆强度达到70%以上，分遍浇水磨光，最后用草酸清洗面层，再打蜡。

4.2.1.3　大理石与花岗石板踢脚板施工

踢脚板是楼地面与墙面相交处的构造处理。设置踢脚板的作用是遮盖楼地面与墙面的接缝，保护墙面根部免受外力冲撞及避免清洗楼地面时被沾污，同时满足室内美观的要求。

踢脚板一般在地面铺贴完工后施工。踢脚板的高度一般为 100～150mm。

施工要点如下：将基层浇水湿透，根据 +50cm 水平控制线，测出踢脚板上口水平线，弹在墙上，再用线坠吊线。确定出踢脚板的出墙厚度，一般为 8～10mm。拉踢脚板上口水平线，在墙两端各安装一块踢脚板，其上口高度在同一水平线内，出墙厚度要一致，然后用 1:2 水泥砂浆逐块依次镶贴踢脚板，随时检查踢脚板的水平度和垂直度。

镶贴前先将石板刷水湿润，阳角接口板按设计要求处理或割成 45°。

镶贴踢脚板时，板缝宜与地面的大理石（花岗石）板缝构成骑马缝。注意在阳角处需磨角，留出 4mm 不磨，保证阳角有一等边直角的缺口。阴角应使大面踢脚板压小面踢脚板。用棉丝蘸与踢脚板同颜色的稀水泥浆擦缝，踢脚板的面层打蜡同地面一起进行。

特别提示

对于大理石（花岗石）踢脚板，在墙面抹灰时，要空出一定高度不抹灰，一般以楼地面层向上量 150mm 为宜，以便控制踢脚的出墙厚度。

4.2.2　活动地板地面施工

活动地板又称装配式地板，它是由各种不同规格、型号和材质的面板块、横梁、可调节支架等组合拼装而成的一种新型架空装饰地面。地面与楼（地）面基层之间的高度，一般有 150～250mm。架空空间可以敷设各种管线。

活动地板面层一般为金属、PVC 等材质，一次负压铸造而成，具有尺寸精度高，防火性能佳、耐磨、耐蚀、防磁、抗静电性能优良，机械性能高，承载力大，不易变形等特点。其适用于电子计算机、程控电话交换机房、电台控制室、各类试验室、办公室以及一些光线比较集中和有防尘防静电要求的场所，也应用于集成电路生产洁净车间、电子仪器厂、装配车间、精密光学仪器制造车间。

4.2.2.1　施工准备

（1）施工条件

基层表面应平整、光洁、不起尘土，含水率不大于 8%。安装前应清扫干净，设计有要求时在其面上涂刷绝缘树脂或油漆。

布置在地板下的电缆、电器、空调等管道及空调系统应在安装地板前施工完毕。

安装活动地板面层，要求室内各项工程完工和超过地板面承载的重型设备基座固定必须完工，设备安装在基座上，基座高度应同地板上表面完成高度一致，不得交叉施工。

架设活动地板面层前，要检查核对地面面层标高，应符合设计要求。在室内四周的墙面上画出面层标高控制水平线。

施工现场备有 220V/50Hz 电源和水源。大面积架设前，应先放出施工大样，并做样板间，经质检部门鉴定合格后方可组织按样板间要求施工。

（2）材料

面层材料有全钢防静电地板、瓷砖防静电地板、铝合金防静电地板、硫酸钙防静电地板，其规格为 600mm×600mm×50mm。

辅助材料为可调支架和横梁、支架活动地板材料。

（3）工具

主要工具有电钻、切割锯、红外水平仪、拉钉枪、地板吸盘等。

4.2.2.2　活动地面施工

（1）施工流程

基层处理与清理→定位放线→粘贴导电铜带→安装固定可调支架和横梁→铺设活动地板面层

（2）施工要点

①基层处理与清理：活动地板面层的骨架应支撑在现浇混凝土抹水泥砂浆地面或水磨石楼地面基层上，其基层表面应平整、光洁、不起尘土，含水率不大于8%。设计有要求时，在其面上涂刷绝缘树脂清漆。

②定位放线：拉水平线，并将地板安装高度用墨线弹到墙面上，保证铺设后的地板在同一水平面上。选一个墙角作为出发点，按照墙面水平需要高度，距墙面600mm处拴两条平行墙面的蜡线，此蜡线不易断裂和延伸，两条蜡线必须垂直分布。在地面弹出安装支架的网格线（铺设活动地板下的管线要注意避开已弹好标志的支架座）。如室内无控制柜等设备，平面尺寸又符合板块模数时，一般由内向外铺设。

③粘贴导电铜带：做导电处理须在地面上粘贴导电铜带，并在可调支架下面相互连接。

④安装固定可调支架和横梁：将要安装的支架调整到需要的同一高度，并将支架摆放到地面网格线的十字交叉处。用螺钉将横梁固定到支架上，并用水平尺、直角尺逐一矫正横梁，使之在同一平面上并互相垂直。横梁与支架的连接方式如图4-3所示。

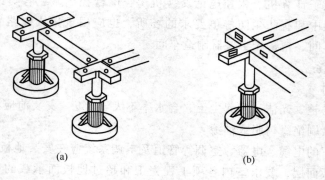

(a)　　　　　　　　　　(b)

图4-3　横梁与支架的连接方式

（a）螺钉固定　（b）定位销卡结

⑤铺设活动地板面层：首先检查活动地板面层下铺设的电缆、管线，确保无误后才能铺设活动地板面层。用吸板器在组装好的横梁上放置地板，若墙边剩余尺寸小于地板本身长度，可以用切割地板的方法进行拼补活动。地板需要切割或者开孔时，应在开口拐角处应用电钻打直径为6~8mm圆孔，防止贴面断裂。

4.2.3　陶瓷地砖与锦砖地面施工

4.2.3.1　陶瓷地砖地面工程

陶瓷地砖地面，主要是指在整体性、刚性均较好的水泥地面（毛面）基层上做找平层，然后进行粘贴的一种施工工艺。陶瓷地砖具有耐磨、耐用、易清洗、不渗水、耐酸碱、强度高、装饰效果丰富等优点，适用于人流活动较大的公共空间地面和比较潮湿的场所。

（1）施工准备

①施工条件：楼（地）面结构层已经验收合格。

内墙+50cm水平标高线已弹好，并校核无误。

墙面抹灰、屋面防水、室内门框已经校正、固定，并已验收合格。

地面垫层以及预埋在地面内的各种管线已做完。穿过楼面的竖管已安装完毕，管洞已堵塞密实。有地漏的房间应找好泛水。

提前做好选砖的工作，拆包后对每块砖进行挑选，长、宽、厚误差不允许超过±1mm；平整度用直尺检查，误差不允许超过±0.5mm。外观有裂缝、掉角和表面上有缺陷的砖剔出，并按花型、颜色挑选后分别堆放。

②材料：陶瓷地砖是以优质陶土为原料，经半干压成型，再在1100℃左右高温焙烧而成的。按生产工艺可分为釉面砖和通体砖；按花色可分为仿古砖、玻化抛光砖、釉面砖、防滑砖及渗花抛光砖等，其性能及适用场所见表4－2。常用的规格有300mm×300mm、400mm×400mm、500mm×500mm、600mm×600mm、800mm×800mm、1000mm×1000mm等。

表4－2　　　　　　　　　　　陶瓷地砖的性能及适用场所

品种	性能	适用场所
抛光地砖	吸水率不大于1%，抗折强度不低于27MPa	适于宾馆、饭店、剧院、商业大厦等室内走廊的地面和墙面
玻化砖	吸水率不大于0.1%，抗折强度不低于27MPa	适于客厅、卧室、走道等
釉面砖	吸水率不大于10%，抗折强度不低于20MPa	适于厨房、卫生间、阳台等

特别提示

在进行陶瓷地砖地面装饰施工时，早期采用湿铺（主要因瓷砖规格小，瓷砖以釉面砖为主，吸水率大）。随着生产工艺的发展，瓷砖质量的提高（瓷砖以玻化砖、抛光地砖为主，吸水率小、硬度更大、密度更大），采用干铺施工工艺。

陶瓷地砖铺贴时可采用强度等级为325或425的普通硅酸盐水泥或矿渣硅酸盐水泥，砂应采用中砂或中、粗混合砂（含泥量3%以内）。

③工具：橡胶锤、釉面砖切割机、无齿锯、切砖刀、胡桃钳、铁抹子、抹灰工具等。

（2）陶瓷地砖地面施工流程

基层处理→弹线、定位→做标筋→抹找平层砂浆→弹铺砖控制线→铺贴地砖→勾缝、擦缝→养护→踢脚板安装

（3）施工要点

①基层处理：水泥基层地面已抹光的，需要清理干净后做凿毛处理，凿毛深度5～10mm，凿毛痕的间距为30mm左右，或刷水泥素浆（白乳胶适量）做均匀牢固的拉毛层。如基层有油污时，应用10%火碱水刷净，并用清水及时将其上的碱液冲净。遇混凝土毛面基层，应去除浮土、尘土。松散处应剔除干净后，做补强处理。

②弹线、定位：在弹好标高+50cm水平控制线和各开间中心（十字线）及拼花分隔线后，进行地砖定位。定位有两种方式：对角定位（砖缝与墙角成45°）和直角定位（砖缝与墙面平行）。

地砖块板铺贴形式如图4-4所示。

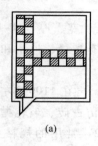 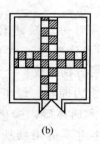 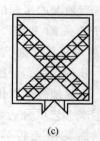

(a)　　　　　　　　(b)　　　　　　　　(c)

图4-4　地砖块板铺贴形式

（a）面积较小的房间做T字形　　（b）（c）大面积房间做法

特别提示

施工时注意，应距墙边留出200～300mm作为调整尺度；若房间内外铺贴不同地砖，其交接处应在门扇下中间位置，且门口不宜出现非整砖，非整砖应放在房间墙边不显眼处。

③做标筋：在清理好的基层上，用喷壶将地面基层均匀洒水一遍。从已弹好的面层水平线下量至找平层上表面的标高抹灰饼，灰饼间距1.5m，然后从房间一侧开始做标筋（又称冲筋）。在大房间中每隔1～1.5m做一道标筋，有地漏的房间，应由四周向地漏方向放射形做标筋，并找好坡度。抹灰饼和标筋应使用干硬性砂浆，厚度不宜小于2cm。

④抹找平层砂浆：浇水湿润基层，再刷水灰比为1:2的素水泥浆。根据标筋的标高填1:3或1:4的干硬性水泥砂浆（以手握成团不沁水为准），比标筋稍高一些，用木抹子摊平、拍实（以人站上面只有轻微脚印而无凹陷为准）、小木杠刮平，再用木抹子搓平，使其铺设的砂浆与标筋找平，并用大木杠横竖检查其平整度，同时检查其标高和泛水坡度是否正确，24h后浇水养护。

⑤弹铺砖控制线：根据设计要求和砖板块规格尺寸，预先确定板块铺砌的缝隙宽度。当无设计要求时，一般为2mm；虚缝铺贴缝隙宽度宜为5mm。在地面弹出纵横定位控制

线（每隔4块砖弹一道控制线），弹线应从门口开始，横向平行于门口的第一排应为整砖，以保证进口处为整砖，非整砖置于边角处。如房间与过道地砖相同时，要保证砖缝的要求。

⑥地砖铺贴：铺贴前，对地砖的规格、尺寸、色泽、外观质量等应进行预选，并浸水润泡2~3h后取出晾干至表面无明水待用。为了找好位置和标高，应从门口开始，纵向先铺几行砖，以此为标筋拉纵横水平标高线。铺贴时应从里向外退着操作，人不得踏在刚铺好的砖上面，每块砖应跟线。根据控制线先铺贴好左右靠边基准行的地砖，以后根据基准行由内向外挂线逐行铺贴。

铺贴步骤：

a. 要在地面刷一遍水泥和水比例为0.4~0.5的素水泥浆，然后铺上1:3的砂；

b. 砂浆要干湿适度，标准是"手握成团，落地开花"，砂浆摊开铺平；

c. 把地砖铺在砂浆上，用橡皮锤敲打结实，和第一块基准砖平齐；

d. 敲打结实后，拿起瓷砖，看砂浆是否有欠浆或不平整的地方，撒上砂浆补充填实；

e. 第二次把瓷砖铺上，敲打结实至和基准砖平齐；

f. 第二次拿起瓷砖，检查地面砂浆是否已经饱满，有没有缝隙，如果已经饱满和平整，在瓷砖上均匀地涂抹一层素水泥浆；

g. 第三次把砖铺上，敲打结实，和基准砖平齐；

h. 用水平尺检查瓷砖是否水平，用橡皮锤敲打直到完全水平；

i. 用刮刀从砖缝中间划一道，保证砖与砖之间要有一定的、均匀的缝隙，防止热胀冷缩对砖造成损坏，用刮刀在两块砖上纵向来回划拉，检查两块砖是否平齐。

砖缝宽度，密缝铺贴时≤1mm，虚缝铺贴时一般为3~10mm，或按设计要求；挤出的水泥浆应及时清理干净，缝隙以凹1mm为宜。

⑦勾缝、擦缝：地砖铺贴24h后应进行勾缝、擦缝的工作，并应采用同一品种、同强度等级、同颜色的水泥或用专门的嵌缝材料。勾缝用1:1水泥砂浆，缝内深度宜为砖厚的1/3。随勾随将剩余水泥砂浆清走、擦净。如设计要求缝隙很小时，则要求接缝平直，在铺实修好的面层上用浆壶往缝内浇水泥浆，然后把干水泥撒在缝上，再用棉纱团擦揉，将缝隙擦满。最后将面层上的水泥浆擦干净。

⑧养护：铺完砖24h后，洒水养护，时间不应少于7d。

⑨踢脚板安装：踢脚板用砖，一般采用与地面块材同品种、同规格、同颜色的材料，踢脚板的立缝应与地面缝对齐，铺设时应在房间墙面两端头阴角处各镶贴一块砖，出墙厚度和高度应符合设计要求，以此砖上棱为标准挂线，开始铺贴，砖背面朝上抹黏结砂浆（配比为1:2的水泥砂浆），使砂浆粘满整块砖为宜，及时粘贴在墙上，砖的上边缘要与控制线平齐并立即拍实，随之将挤出的砂浆刮掉，将面层清擦干净（在粘贴前，砖块材要浸水晾干，墙面刷湿润）。

4.2.3.2　陶瓷锦砖楼地面施工

陶瓷锦砖俗称马赛克，由各种形状（正方、长方、六角、对角、五角、斜长条、半八角形等）的小瓷片拼成各种图案反贴于牛皮纸上，形成约300、480mm一联的锦砖。其地面表面光滑，质地坚实，有玻璃的、天然石的、金属的，等等。颜色有白、蓝、黄、绿、灰等多种，色泽稳定。

锦砖可拼成各种图案，装饰效果丰富，经久耐用，并具有耐酸、耐碱、耐火、耐磨、不透水、易清洗、不打滑（无釉）、强度高等优点，常被用于浴厕、厨房、化验室等处的地面。其常用规格为 20mm×20mm、25mm×25mm 和 30mm×30mm，厚度为 4～4.3mm。

（1）施工准备

①施工条件：楼（地）面结构层已经验收合格；内墙 +50cm 水平标高线已弹好，并校核无误；墙面抹灰、屋面防水、室内门框已经校正、固定，并已验收合格；穿过楼面的竖管已安完，管洞已堵塞密实；有地漏的房间应找好泛水。

②材料：水泥为 325 号及以上的普通硅酸盐水泥或矿渣硅酸盐水泥；325 号白水泥（擦缝用）；灰膏内不应含有未熟化的颗粒及杂质（如使用石灰粉时要提前一周浸水）；陶瓷、玻璃锦砖（马赛克）品种、规格、花色按设计规定，并应有产品合格证。

③工具：抹子、刷子、水平尺、橡皮锤等。

（2）陶瓷锦砖地面施工流程

基层处理→弹线、做标筋→铺水泥砂浆（找平层）→铺贴、拍实→刷水、揭纸→拨缝、灌缝→清洁、养护

（3）施工要点

①基层处理：对光滑表面基层，应先打毛，进行"毛化处理"。即将表面尘土、污垢清理干净，浇水湿润，用水泥:801胶:水（100:3:适量）做黏结层，黏结层要求平整。

②弹线、标筋：根据整体规格大小分尺寸在黏结层上弹线，横竖一致，将非整块砖置于阴角处。贴灰饼、做标筋。

③铺水泥砂浆：将基层浇水湿润（混凝土基层上应用水灰掺 107 胶的素水泥浆均匀涂刷），分层分遍用 1:2.5 水泥砂浆抹底子灰，第一层宜为 5mm 厚，用铁抹子，均匀抹压密实；待第一层干至七八成后即可抹第二层，厚度为 8～10mm，直至与标筋大致相平，用压尺刮平，再用木抹子搓毛压实，划成麻面。底子灰抹完后，根据气温情况，终凝后淋水养护。

④铺贴、拍实：宜整间一次镶铺连续操作，如果房间大，一次不能铺完，须将接茬切齐，余灰清理干净。对连通的房间由门口中间拉线，以此为标准从房内向外挂线逐行铺贴。铺贴时先在准备铺贴的范围内均匀地撒素水泥，并洒水润湿成黏结层，其厚度为 2mm 左右。用毛刷蘸水将锦砖砖面刷湿，铺贴锦砖。先翻起一边的纸，露出锦砖以便对正控制线，对好后立即将陶瓷锦砖铺贴上（纸面朝上），紧跟着用手将纸面铺平，用拍板拍实（人站在木板上），使水泥浆渗入到锦砖的缝内，直至纸面上显露出砖缝水印时为止（底板为牛皮纸的马赛克铺贴方法）。继续铺贴时不得踩在已铺好的锦砖上，应退着操作。

⑤刷水、揭纸：铺完约 30min 后，用毛刷蘸水，使纸面完全浸湿为宜，不可洒水过多，过 20min 左右试揭。揭纸时，手扯纸边与地面平行方向撕揭，揭掉纸后对留有纸毛处用开刀清理干净。

⑥拨缝、灌缝：揭纸后，用 2m 靠尺检查平整度、缝隙是否均匀。当缝隙不顺不直时，先调竖缝后调横缝，拨缝应在水泥浆结合层终凝前完成，边拨缝边拍实，同时粘贴补齐已经脱落、缺少的锦砖颗粒。地漏、管口等处周围的锦砖，要按坡度预先试铺进行

切割，要做到锦砖与管口镶嵌紧密相吻合。拨缝后第二天（或水泥浆结合层终凝后），用白水泥浆或与锦砖同颜色的水泥素浆擦缝，棉丝蘸素浆从里到外顺缝揉擦，擦满、擦实为止，并及时将锦砖表面的余灰清理干净，防止对面层的污染。

⑦清洁、养护：清理干净揭纸后残留纸毛及粘贴时被挤出缝子的水泥（可用毛刷蘸清水适当擦洗）。擦缝24h后，应铺上锯末常温养护，养护时间不得少于7d，养护期间禁止上人。

4.2.4　木地板地面施工

木质楼地面一般是指由木竹板铺钉或硬质木竹块胶合而成的地面。

4.2.4.1　木地板分类

木地板的分类和品种见表4-3。

表4-3　　　　　　　　　　　　　　　　木地板的分类和品种

分类	品种
根据材质不同	实木地板、竹木地板、软木地板、强化复合地板等
施工方法	空铺式和实铺式

①木地板：是地面装修最常使用的材料之一。它不仅具有良好的弹性、耐久性、吸音性，而且自重轻、导热性能低、易加工，但也易随空气中温湿度的急剧变化而引起裂缝和翘曲，耐火性差，保养不当还容易腐朽。木地板常用于住宅、宾馆、舞台等地面装饰中。

②竹地板：是近几年才发展起来的一种新型建筑装饰材料，它以天然优质竹子为原料，用先进设备和技术，经高温高压拼压，多道工艺精细加工而成。竹地板具有手感细腻、脚感舒适、防潮、阻燃、吸音、防蛀、灭菌、抗霉及不开裂、不起拱、不变形、不褪色、不脱胶等优点。

③软木地板：由于其独特的蜂窝状木质结构，内存大量空气，具有极好的弹性和耐磨性。软木地板还具有吸音、防水、阻燃、防滑、抗静电、防虫蛀等优点，且施工简便，一般只需粘贴在地面上即可。软木地板因其独有的吸音效果和保温性能非常适合于卧室、会议室、图书馆、录音棚等场所，一般做成300mm×300mm的方形板块，也有长方形的，板块厚3~5mm。

④强化复合木地板：俗称"金刚板"，标准名称为"浸渍纸层压木质地板"。一般是由4层材料复合组成，即耐磨层、装饰层、高密度基材层、平衡（防潮）层。

4.2.4.2　木地板地面施工

木地板的施工方法可分为空铺式和实铺式。

（1）空铺式

空铺式是指木地板通过地垄墙或砖墩等架空再安装，一般用于平房、底层房屋或较潮湿地面以及地面敷设管道需要将木地板架空等情况。其优点是使实木地板更富有弹性、脚感舒适、隔音、防潮，缺点是施工较复杂、造价高、占空间高度较大。

（2）实铺式

实铺式是直接在基层的找平层上固定木格栅，然后将木地板铺钉在木格栅或木格栅上的毛地板上。这种做法具有空铺木地板的大部分优点，且施工较简单，实际工程中一般用于2层以上的干燥楼面。

另一种实铺式木地板的做法，是在钢筋混凝土楼板上或底层地面的素混凝土垫层上做找平层，再用黏结材料将各种木板直接粘贴而成。这种做法构造简单、造价低、功效快、占空间高度小，但弹性较差。

4.2.4.3 实木木板楼地面工程

（1）施工准备

①施工条件：采用水泥砂浆对地面进行找平，并用2m直尺检验应小于5mm。无浮土，无明显施工废弃物等。严禁含湿施工，并防止有水源处向地面渗漏，基层含水率不大于15%。施工程序严禁木地板铺设与其他室内装饰装修工程交叉混合施工。

②材料：面层材料应采用不易腐朽和变形开裂的木材制成顶面刨平、侧面带有企口的木板，宽度不应大于120mm，厚度应符合设计要求。木地板不论采用何种树种木材，均应通过干燥、防腐、防蛀处理，其含水率不应大于12%，并应符合当地平衡含水率。

毛地板厚度在22～25mm，宽度不大于120mm。材质同企口板。毛地板木材的含水率限制在8%～13%。

木格栅、垫木一般选用红白松，其含水率宜控制在12%以内，断面尺寸按设计要求加工，上下面应刨光，并经防腐、防蛀和防火处理。木格栅梯形断面尺寸一般为上50mm、下70mm，矩形断面为70mm×70mm。

其他材料如防潮纸、胶黏剂、2～3in（5～75cm）的铁钉、12号镀锌铁丝、橡胶垫块等必须到位。经检查合格后放置现场以备用。

③工具：钳子、锯、电钻等。

（2）实木木板楼地面施工

①工艺流程：

基层清理→弹线、装木龙骨→垫保温层→弹线、钉装毛地板→找平、刨平→铺设木地板→找平、刨光→打磨→钉踢脚板→油漆→养护

②施工要点：

a. 基层清理　基层清理干净，水泥砂浆地面不起砂、不空裂。

b. 弹线、装木龙骨　在水泥地面上弹出木格栅位置线。地面用$\phi6$的冲击电钻在交叉点处打孔（间距为800mm），下入预埋件铁件或木楔，用长钉将木格栅（防腐处理）固定在木楔上。木格栅固定时，不得损坏基层及预埋管线。木格栅与墙间应留出不小于30mm的缝隙。龙骨铺钉完毕，检查水平度。合格后，格栅与格栅之间，钉横向木撑或剪刀撑，中距一般600mm。

特别提示

木格栅通常加工成梯形（俗称燕尾龙骨），有利于稳固木格栅与预埋件固定。设置横撑的目的主要是加强格栅的整体性，避免日久松动。

c. 垫保温层 格栅与格栅之间的空隙内，填充一些轻质材料，如干焦渣、蛭石、矿棉毡、石灰炉渣等，厚度为40mm，以便减少人在地板上行走时所产生的空鼓音。填充材料不得高出木格栅上表面。

d. 弹线、钉装毛地板、找平、刨平 钉毛地板要在保温和隔音材料干燥后进行。铺设前必须清除毛地板下空间内的刨花等杂物。毛地板铺设时，应与格栅成30°或45°斜向钉牢，毛地板必须四周钉头，钉距应小于350mm。板间的缝隙不大于3mm，与墙之间留有10~12mm空隙，表面应刨平。每块毛地板与其下的每根格栅上各用两枚钉固定，钉的长度为毛地板厚度的2.5倍。

为防止潮气侵蚀和使用中发生音响，可在毛地板上干铺一层防潮垫与面层隔离，或按设计要求操作。

e. 铺设木地板 铺设时应从靠门较近的一侧开始铺钉，每铺设600~800mm宽度应弹线找直修整，然后依次向前铺钉。板端接缝应与毛地板接缝间隔错开，并有规律地在一条直线上，缝隙宽度不应大于1mm，如用硬木企口板则不得大于0.5mm。企口板与墙壁之间要留10~15mm的缝隙，并用木踢脚线封盖。面层木地板固定方式以钉接固定为主。即用圆钉将面层板条固定在毛地板或木格栅上。在钉法上有明钉和暗钉两种钉法。明钉法，先将钉帽砸扁，将圆钉斜向钉入板内，同一行的钉帽应在同一条直线上，并须将钉帽冲入板3~5mm。暗钉法，先将钉帽砸扁，从板边的凹角处，斜向钉入，在铺钉时，钉子要与表面呈一定角度，一般常用45°或60°斜钉入内。格栅式木地板铺设方法如图4-5所示。

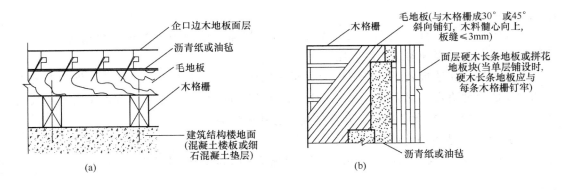

图 4-5 格栅式木地板的铺设方法
(a) 剖面构造示意   (b) 平面层次示意

f. 面层刨光、打磨 企口板面层表面不平处应进行刨光，可采用刨地板机刨光，与木纹成45°斜刨，边角部位用手刨。刨平后用细刨净面，最后用磨地板机装砂布磨光。刨光后方可钉木踢脚线。

g. 钉踢脚板 木踢脚线一般宽为150mm，厚度20~25mm，背面开槽（背面应做防潮处理），以防翘曲。木踢脚线应用钉钉牢在墙内防腐木砖上，钉帽砸扁冲入板内。长度方向上木踢脚线应成45°斜角相接。木踢脚线与木板面层转角处应钉设木压条。

踢脚线的作用就是为了遮挡地板与墙面间难看的缝隙。为达到协调的装饰效果，踢脚线可根据门套颜色或地板颜色选择。

h. 油漆、养护　将地板清理干净，然后补凹坑，刮批腻子、着色，最后刷清漆。当木地板为清漆罩面时，需上软蜡（擦软蜡是用铲刀铲软蜡放在白布中包好涂地板，要厚薄均匀。等软蜡干透，用蜡刷子从横到竖顺木纹擦直至光亮为止）。免漆类地板无须刷油漆。

4.2.4.4　复合木地板楼地面工程

复合木地板是以中密度纤维板或木板条为基材，用耐磨塑料贴面板或珍贵树种 2 ~ 4mm 的薄木等作为覆盖材料而制成的一种板材。复合木地板安装方便，板与板之间可通过槽榫进行连接。在保证地面平整度的前提下，复合木地板可直接浮铺在地面上，而不需用胶粘接。复合木地板大面积铺设时，会有整体起拱变形的现象。

复合木地板适用于办公室、会议室、商场、展览厅、民用住宅等的地面装饰。目前，在市场上销售的复合木地板规格都是统一的，宽度为 120、150、195mm，长度为 1.5、2m，厚度为 6、8、14mm。

（1）复合木地板的组成

复合木地板一般都是由四层材料复合组成，即底层、基材层、装饰层和耐磨层，其中耐磨层决定了复合地板的寿命。

①底层：由聚酯材料制成，起防潮作用。

②基材层：一般由密度板制成，视密度的不同，也分低密度板、中密度板和高密度板。

③装饰层：将印有特定图案的特殊纸放入三聚氰胺溶液中浸泡后，经过化学处理，使这种纸成为一种美观耐用的装饰层。

④耐磨层：在地板表层上均匀压制一层三氧化二铝组成的耐磨剂。三氧化二铝的含量和薄膜的厚度决定了耐磨性。含三氧化二铝为 $30g/m^2$ 左右的耐磨层耐磨性测试转数约为 4000r，三氧化二铝含量越高，转数越高，也就越耐磨。

（2）复合木地板楼地面施工流程

基层处理→弹线、找平→铺垫层→试铺预排→铺地板→铺踢脚板→安装踢脚线→养护

（3）施工要点

基层清理、弹线、找平，同实木木地板。

复合木地板浮铺施工时，施工环境的最佳相对湿度为 40% ~ 60%。

①铺垫层：垫层为聚乙烯泡沫塑料薄膜，铺时横向搭接 150mm，并用胶带封好，以保证密封效果。垫层增加地板隔潮作用，改善地板的弹性、稳定性，并减少行走时地板产生的噪声。

第一块木地板的铺设方法及采用沥青胶结料粘贴地板的方法如图 4 - 6、图 4 - 7 所示。

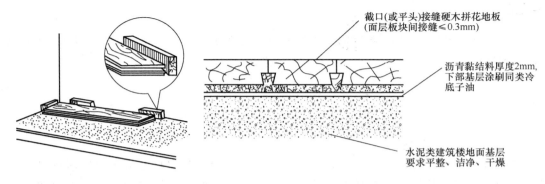

图 4-6　第一块板铺贴方法　　　　图 4-7　采用沥青黏结料粘贴硬木拼花地板

②试铺预排：预排时计算最后一排板的宽度，如小于 50mm，应削减第一排板块宽度，以使两者均等。

③铺地板和踢脚板：安装时从里向外开始安装第一排地板，将有槽口的一边朝向墙壁，并加入专用垫块，预留 8～12mm 的伸缩缝隙以防日后受潮膨胀。测量出第一排尾端所需地板长度，预留 8～12mm 的伸缩缝后，锯掉多余部分。将锯下的不小于 300mm 长度的地板作为第二排地板的排头，相邻两排的地板短接缝之间不小于 300mm。将胶水连续、均匀地涂在地板所有榫舌的上表面，并将挤到地板表面的多余胶水在 1h 内清理掉；在地板块企口施胶逐块铺设过程中，为使槽榫精确吻合并黏结严密，可以用锤击打的方法，但不得直接打击地板，可用木方垫块顶住地板边再用锤轻轻敲击。每排最后一片及房间最后一排地板须用专用工具撬紧。

企口木地板和木踢脚板安装示意图如图 4-8、图 4-9 所示。

④安装踢脚线：同实木木地板。

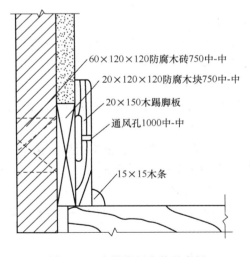

图 4-8　企口木地板安装示意图　　　　图 4-9　木踢脚板安装示意图

⑤养护：复合木地板铺装 48h 后方可使用。

特别提示

复合木地板与四周墙必须留缝，以备地板伸缩变形，缝宽为 8~10mm，用木楔调直。地板面积超过 30m² 中间还要留缝。

4.2.5 塑料地板地面施工

4.2.5.1 塑料地板的种类

塑料地板楼地面是指用聚氯乙烯、氯化聚乙烯、塑胶等塑料地板作为饰面材料铺贴的楼地面，多用胶黏剂贴于水泥砂浆或混凝土基层上。塑料地板多用于一般性居住和公共建筑，不适宜人流较多密集的公共场所。

目前装饰工程上盛行的有塑胶地板、氯乙烯-醋酸乙烯（EVA）豪华地板等，属中档装饰材料。

PVC 塑胶地板主要原料是聚氯乙烯（PVC）树脂、聚醋酸乙烯（PVAC）树脂、聚乙烯（PF）树脂、聚丙烯（PP）树脂等，最为常用的为聚氯乙烯树脂。生产方法一般采用热压法、压延法和注射法。块材地板多用间歇式层压生产工艺，卷材地板则常用连续式辊压或挤出式辊压生产工艺压制。

材质有半硬质 PVC 塑胶地板、软质 PVC 塑胶地板、弹性 PVC 塑胶地板。其结构组成分单层或多层复合；表面颜色有单色和复色，可仿制各种材质纹理表面，具有质量轻、强度高、耐磨、隔热、隔潮、隔音、防滑、防静电、抗老化、阻燃等功效，适用于家庭、医院、学校、幼儿园、商厦、办公楼、休闲场馆等。

4.2.5.2 施工准备

（1）施工条件

各项工程已基本完成，不得有上下交叉作业；室内温度至少维持 15℃ 以上，施工后最低温度不低于 12℃。施工的相对空气湿度为 20%~75%；基层须平整干燥，无起砂、油脂及其他杂物；基层的含水率应小于 3%；基层的平整度应在 2m 直尺范围内高低落差不大于 2mm；每 300m² 设有一处接地点。

（2）材料

PVC 塑胶地板（块材、卷材）、胶黏剂、铜箔、焊条、丙酮、汽油。

（3）工具

卷尺、刮板、割刀、橡皮滚筒、擦布和焊接用的自耦变压器、焊枪等。

4.2.5.3 PVC 塑胶地面施工

（1）工艺流程

基层处理→弹线→试铺、裁割→刷底胶、铺贴塑料地板→铺贴塑料踢脚板→清理、擦光上蜡→养护

（2）施工要点

①基层处理：塑料地板基层一般为水泥砂浆和混凝土地面。基层应坚实、平稳、清洁和干燥，无油脂及其他杂物，表面含水率不得大于 8%。

②试铺、裁割：按定位分格线，依设计图案预摆塑料地板块，以确定镶边材料的尺寸，也可按镶边实际空隙裁割。塑料卷材要求根据房间尺寸定位裁切，裁切时应在纵向上留有0.5%的收缩余量。切好后在平整的地面上静置3~5d，使其充分收缩后再进行裁边。

③刷底胶、铺贴塑料地板：基层清扫干净后，用凿形刮板在基层上刷涂一层薄而匀的底胶，越薄越好，且不得漏刷，以提高基层与面层的黏结，同时也可弥补塑料板块由于涂胶量不匀可能会产生起鼓、翘边等质量缺陷。胶刮匀后手触胶面不粘手时即可铺贴塑料地板（常温下放置5~10s）。此时施工温度最好在10~35℃，低于或高于此温度，不能保证铺贴质量，以不进行施工为宜。

④铺贴踢脚线：铺贴塑料踢脚线时，应将塑料条钉在墙内预留的木砖上，钉距400~500mm，然后用焊枪喷烤塑料条，随即将踢脚线与塑料条粘接。

⑤清理：铺贴完毕后，应及时清理塑料地板表面，特别是施工过程中因手触摸留下的胶印。对溶剂型胶黏剂，用棉纱蘸少量松节油擦去从缝中挤出来的多余胶；对水乳型胶黏剂只需要用湿布擦去。清理干净后打地板蜡。

⑥养护：塑料地板铺贴完毕，要有一定的养护时间，一般为1~3d。禁止行人在刚铺过的地面上行走，养护期间避免沾污或用水清洗表面。

4.2.6　地毯的铺设

地毯是一种高级地面饰面材料。按加工工艺分有机织地毯、手织地毯、簇绒编织地毯和无纺地毯等；按材料分有纯毛地毯、混纺地毯、化纤地毯、剑麻地毯和塑料地毯等。

同其他地面覆盖材料相比，地毯具有质地柔软、吸音、隔音、保温、防滑、弹性好、脚感舒适、外观优雅及使用安全等功能和优点。近年来在各种公共建筑及家庭中已大量被使用。地毯特别适宜于宾馆、酒店、写字楼、办公用房、住宅（卧室、客厅、书房）的地面装饰。

地毯的铺设分为满铺和局部铺设两种，铺设方式有固定和不固定两种。不固定铺设是将地毯浮搁在基层上，不需将地毯与基层固定。而固定铺设的方法又分为两种，一种是胶黏剂固定法，适用于单层地毯；另一种是倒刺板固定法，适用于有衬垫的地毯。

4.2.6.1　施工条件

在地毯铺设之前，室内装饰必须完毕。

地毯、衬垫、倒刺板、铝合金压条、胶黏剂和接缝带或其他接缝材料，等进场后应检查核对数量、品种、规格、颜色、图案等是否符合设计要求。

铺设地毯的房间、走道等四周的踢脚板已做好。踢脚板下口均离地面8mm左右，或比地毯厚度大2~3mm，以便将地毯毛边掩入踢脚板。

在木地板上铺地毯，应检查有无松动的木板块及有无凸出的钉头，必要时应做加固或更换。

成卷地毯应在铺设前24h运到铺设现场，打开、展平，消除卷曲应力，以便铺贴平整。

4.2.6.2　材料

①地毯材料：地毯的品种、规格、主要性能和技术指标如剥离强度、黏合力、耐磨性、回弹性、老化性等必须符合设计要求，应有出厂合格证明。

②胶黏剂：选用无毒、不霉、快干、0.5h 之内使用张紧器时不脱缝、对地面有足够的黏结强度、可剥离、施工方便的胶黏剂，可用于地毯与地面、地毯与地毯连接拼缝处的黏结。一般采用天然乳胶添加增稠剂、防霉剂等制成胶黏剂。

③倒刺板：为地毯固定件，在 1200mm × 24mm × 6mm 的三合板条上钉有两排斜铁钉（挂毯用，间距为 35 ~ 40mm），还有 9 个高强钢钉均匀分布在全长上（打入水泥地面，起固定作用），用于墙、柱根部地毯固定，如图 4 – 10 所示。

④铝合金倒刺条：用于地毯端头露明处，起固定和收头的作用。多用在外门口或其他材料的地面相接处。

⑤铝合金压条：宜采用厚度为 2mm 左右的铝合金材料制成，用于门框下的地面处，压住地毯的边缘，使其免于被踢起或损坏，如图 4 – 11 所示。

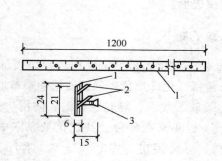

图 4 – 10　倒刺板
1—胶合板条　2—挂毯朝天钉　3—水泥钉

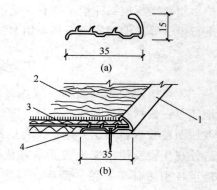

图 4 – 11　铝合金压条
（a）压条尺寸　（b）压条安装
1—压条　2—地毯　3—地毯垫层　4—楼板

⑥衬垫：对于无底垫的地毯，如果采用倒刺板固定，应准备衬垫材料。一般用海绵做衬垫，也可采用杂毛毡垫，厚度应小于 10mm。

4.2.6.3　工具

张紧器 [图 4 – 12（a）（b）（c）]、裁边机、切割刀、裁剪剪刀、漆刷、熨斗、弹线粉袋、扁铲、压棍、直尺、钢卷尺、锤子、吸尘器等。部分施工工具如图 4 – 12 所示。

4.2.6.4　固定式地毯楼地面施工

（1）倒刺板固定法

①工艺流程

基层处理→弹线、套方、分格、定位→钉倒刺板→铺设衬垫→地毯拼缝→缝合地毯→粘接地毯→铺设地毯→固定收边→细部处理及清理

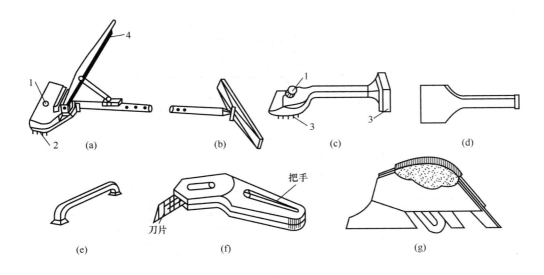

图 4-12 部分施工工具

（a）大撑子撑头 （b）大撑子撑脚 （c）小撑子 （d）扁铲 （e）墩拐 （f）手握裁刀 （g）手推裁刀

②施工要点：

a. 基层处理 将铺设地毯的地面清理干净，保证地面干燥，并且要有一定的强度。检查地面的平整度偏差应不大于 4mm，地面基层含水率不大于 8%，满足这些要求后才能进行下一道工序施工。

b. 弹线、套方、分格、定位 严格按照设计图纸，根据不同部位和房间的具体要求进行弹线、套方、分格。如无设计要求，可对称找中并弹线便可定位铺设。

c. 钉倒刺板 沿房间或走道四周踢脚板边缘，用钢钉将倒刺板钉在基层上，其间距约 400mm，倒刺板离踢脚板面 8~10mm，便于用锤子砸钉子。

d. 铺设衬垫 铺设衬垫采用点粘法。在地面基层上刷聚酯乙烯乳进行胶粘，要离开倒刺板 10mm 左右，设置衬垫拼缝时应考虑到与地毯拼缝至少错开 150mm。

e. 地毯拼缝 地毯面层的接缝应在地毯的背面，一般采用缝合或粘接的方法。

f. 缝合地毯 将裁好的地毯虚铺在垫层上，然后将地毯卷起，在接缝处缝合。缝合完毕，用 50~60mm 宽的塑料胶带纸贴于缝合处，保护接缝处不被划破或勾起，然后将地毯平铺，用弯针在接缝处做绒毛密实的缝合。

g. 粘接地毯 将裁好的地毯虚铺在垫层上，在地毯拼缝位置的地面上弹一直线，按照弹线将地毯胶带铺好，两侧地毯对缝压在胶带上，然后用熨斗在胶带上熨烫，使胶层溶化，随熨斗的移动立即把地毯紧压在胶带上。接缝以后用剪子将接口处的绒毛修齐。

h. 铺设地毯 先将地毯的一条长边固定在倒刺板上，并将毛边塞到踢脚板下，用地毯大撑子拉伸地毯。拉伸时，先压住地毯撑，用膝盖撞击地毯撑，从一边一步一步推向另一边，由此反复操作将四边的地毯拉平固定在四周的倒刺板上，并将长出的部分地毯裁割掉，地毯张平的步骤如图 4 – 13 所示。

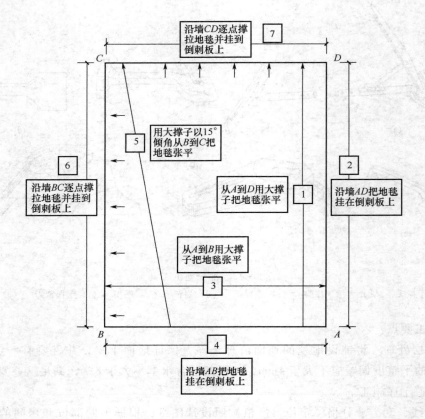

图 4 – 13　地毯张平步骤示意图

　　i. 固定收边　地毯挂在倒刺板上，要轻轻敲击，使倒刺全部勾住地毯，以免挂不实而引起地毯松弛。地毯全部展平拉直后，应把多余的地毯边裁去，再用扁铲将地毯边缘塞进踢脚板和倒刺板之间。在门口或其他地面的分界处，弹出控制线后用螺钉固定铝合金压条，再将地毯塞入铝合金压条口内，轻敲弹起的压片使之压紧地毯。铝合金压条与倒刺板收边做法如图 4 – 14、图 4 – 15 所示。

　　j. 细部处理及清理　注意门口压条的处理，注意门框、走道与门厅，地面与管根、暖气罩、槽盒，走道与卫生间门槛，楼梯踏步与过道平台，内门与外门，不同颜色地毯交接处和踢脚板等部位地毯的套割与固定和掩边工作，必须黏结牢固，不应有显露、后找补条等工作。地毯铺设完毕，固定压条后，应用吸尘器清扫干净，并将毯面上脱落的绒毛彻底清理干净。

　　（2）胶黏剂固定法

　　用胶黏剂固定地毯，一般不需要放衬垫，只要将胶黏剂刷在基层上，然后固定地毯在基层上即可。

　　用这种方法固定地毯，要求地毯具有较密实的胶底层，一般在绒毛的底部粘上一层2mm 左右的胶如橡胶、塑胶、泡沫胶底层等。

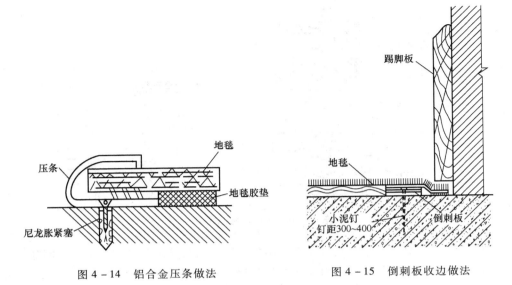

图 4 – 14　铝合金压条做法　　　　　图 4 – 15　倒刺板收边做法

涂刷胶黏剂可以局部刷胶，也可以满刷胶。人不常走动的房间地毯，一般采用局部刷胶。

在基层上胶刷，静置一段时间后，便可铺设地毯。

如果是面积不大的房间，将地毯裁割完毕后，在地面中间刷一块小面积的胶，然后将地毯铺放，用地毯撑子往四边撑拉，在沿墙四边的地面上涂刷 120～150mm 宽的胶黏剂，使地毯与地面黏结牢固。

如果房间面积较大，铺设地毯时，可先在房间一边涂刷胶黏剂，铺放已预先裁割的地毯，然后用地毯撑子，向两边撑拉，再沿墙边刷两条胶黏剂，将地毯压平掩边。

4.2.6.5　活动式地毯楼地面施工

活动式地毯楼地面施工是指不用胶黏剂粘贴在基层的一种方法，即不与基层固定的铺设，四周沿墙角修齐即可，一般仅适用于装饰性工艺地毯的铺设。

施工要点如下：

①基层要求平整光洁，不能有凸出表面的堆积物，其平整度要求用 2m 直尺检查时偏差不大于 2mm。

②与不同类型的建筑地面连接处，应按设计要求收口。标高一致，可选用铜条、不锈钢条；标高不一致，一般采用铝合金压条。

③按地毯方块在基层弹出分格控制线，宜从房间中央向四周展开铺排，逐块就位放稳贴紧并相互靠紧，地毯周边应塞入踢脚线下。

4.2.6.6　楼梯地毯楼地面施工

（1）工艺流程

基层处理→测量放线→地毯剪裁→固定衬垫与角铁→铺设地毯→细部处理及清理

（2）施工要点

①测量楼梯一级的宽度和深度，以估计所用地毯的长度。将测得的宽度和深度相加乘以楼梯的级数，再加上 450mm 的余量，即为地毯用量，楼梯地毯固定方法如图 4 – 16 所示。

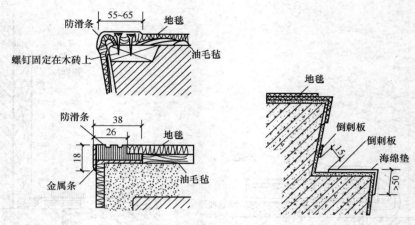

图 4 - 16　楼梯地毯固定方法

②将衬垫材料用倒刺板分别钉在楼梯阴角两边，两板条之间应留 15mm 的间隙。如果不设地毯衬垫，可将挂角条直接固定于楼梯梯级的阴角处。挂角条是用厚度为 1mm 左右的铁皮制成，长度应小于地毯宽度 20mm 左右，有两个方向的倒刺抓钉，可将地毯不露痕迹地抓住。

③楼梯地毯的最高一级是在楼梯面或楼层地面上，应固定牢固并用金属压条严密收口封边。地毯在楼梯踏步转角处需用铜质防滑条和铜质压毡杆固定处理。

4.2.7　地面工程常见问题及对策

4.2.7.1　石材地面铺贴常见质量问题

①板面空鼓：混凝土垫层清理不净或浇水湿润不够，刷素水泥浆不均匀或刷的面积过大、时间过长已风干，干硬性水泥砂浆任意加水，大理石板面有浮土未浸水湿润等因素，都易引起空鼓。因此必须严格遵守操作工艺要求，基层必须清理干净，结合层砂浆不得加水，随铺随刷一层水泥浆。

②接缝高低不平、宽窄不匀：板块本身有厚薄不均及宽窄不匀、窄角、翘曲等缺陷，铺砌时未严格拉通线进行控制等，均易产生接缝高低不平、宽窄不匀等缺陷。所以应预先严格挑选板块，凡有翘曲、拱背、宽窄不方正等块材剔除不予使用。铺设标准块后，应向两侧和后退方向顺序铺设，并随时用水平尺和直尺找准，缝子必须拉通线，不能有偏差。房间内的标高线要有专人负责引入，且各房间和楼道内的标高必须相通一致。

③过门口处板块易活动：一般铺砌板块时均从门框以内操作，而门框以外与楼道相接的空隙（即墙宽范围内）面积均后铺砌，由于过早上人，易造成此处活动。在进行板块翻样提加工订货时，应同时考虑此处的板块尺寸，并同时加工，以便铺砌楼道地面板块时同时操作。

4.2.7.2　活动地板安装常见质量问题

①面层高低不平：地面不平整，龙骨高度不一致。应严格控制好楼地面面层标高，尤其是房间与门口、走道和不同颜色、不同材料之间交接处的处理。

②缝隙不均匀：要注意面层缝格排列整齐，特别要注意不同颜色的电缆、管线设备

沟槽处面层的平直对称排列和缝隙均匀一致。

③表面不洁净：要重视对已铺设好的面层调整板块水平度和表面的清擦工作，确保表面平整洁净，色泽一致。

4.2.7.3　陶瓷锦砖铺贴常见质量问题

①空鼓：主要是由于基层清洗不干净，抹底灰时基层未保持湿润，砖块铺贴时未擦净表面灰尘，铺贴时底灰面未保持湿润及粘贴水泥膏不饱满和不均匀，砖块贴上后没有用铁抹子拍实或拍打不均匀。

②地面脏：揭纸后未将残留纸毛、粘贴水泥浆及时清理干净，擦缝后未将残留砖面的白水泥浆清理干净。

③缝子歪斜，块粒凸凹：砖块规格不一，铺贴时控制不严，揭纸后没有及时调整。

4.2.7.4　木地板安装常见的质量问题

木地板安装常见的质量问题包含：行走时有空鼓、有响声、表面不平整、拼缝不严、局部翘鼓等。

①有空鼓响声：原因是固定不实所致，主要是毛板与龙骨、毛板与地板钉子数量少或钉得不牢，有时是由于板材含水率变化引起收缩或胶液不合格所致。防治方法是严格检验板材含水率、胶黏剂质量，检验合格后才能使用；安装时钉子不宜过少，要钉牢，每块地板安装完检验无响声后再装下一块，如有响声应即刻返工。

②表面不平：主要原因是基层不平或地板条变形起鼓所致。在安装施工时，应用水平尺对龙骨表面找平，如果不平应用垫木调整。龙骨上应做通风孔。板边距墙面应留出10mm的通风缝隙。保温隔音层材料必须干燥，防止木地板受潮后起拱。木地板表面平整度误差应在1mm以内。

③拼缝不严：除施工中安装不规范外，板材的宽度尺寸误差大及企口加工质量差也是重要原因，应在施工中认真检验地板质量。

④局部翘鼓：主要原因是板子受潮变形、毛板拼缝太小或无缝隙。在施工中要在安装毛板时留3mm缝隙，木龙骨刻通风槽。

4.2.7.5　PVC塑胶地板常见质量问题

①剥离、翘曲、隆起、错缝：基层处理不好、室温过低、产品不合格、施工不当。

②凹陷、软化：基层不平整，胶黏剂不合格使PVC软化。

③损伤、沾污：材料耐刻划性不够、胶黏剂沾污未及时清理。

4.2.8　地面工程质量验收标准

4.2.8.1　一般规定

（1）饰面板（砖）

工程验收时应检查下列文件和记录：

①饰面板（砖）工程的施工图、设计说明及其他设计文件。

②材料的产品合格证书、性能检测报告、进场验收记录和复验报告。

③后置埋件的现场拉拔检测报告。

④隐蔽工程验收记录。

⑤施工记录。

（2）饰面板（砖）

工程验收时应对下列材料及其性能指标进行复验：

①室内用花岗石的放射性。

②黏结用水泥的凝结时间、安定性和抗压强度。

③陶瓷面砖的吸水率。

④寒冷地区陶瓷面砖的抗冻性。

（3）饰面板（砖）

工程验收时应对下列隐蔽工程任务进行验收。

①预埋件（或后置埋件）。

②连接节点。

③防水层。

（4）各分项工程的检验批

应按下列规定划分：

①相同材料、工艺和施工条件的室内饰面板（砖）工程每50间（大面积房间和走廊按施工面积30m² 为一间）应划分为一个检验批，不足50间也应划分为一个检验批。

②相同材料、工艺和施工条件的室外饰面板（砖）工程每500～1000m² 应划分为一个检验批，不足500m² 也应划分为一个检验批。

（5）检查数量

应符合下列规定：

①室内每个检验批应至少抽查10%，并不得少于3间；不足3间时应全数检查。

②室外每个检验批每100m² 应至少抽查一处，每处不得小于10m²。

（6）其他

①饰面砖粘贴前和施工过程中，均应在相同基层上做样板件，并对样板件的饰面砖黏结强度进行检验，其检验方法和结果判定应符合《建筑工程饰面砖黏结强度检验标准》（JGJ 110）的规定。

②饰面板（砖）工程的抗震缝、伸缩缝、沉降缝等部位的处理应保证缝的使用功能和饰面的完整性。

4.2.8.2　地面工程质量验收

（1）石材（石板）地面工程质量验收（表4-4、表4-5）

表4-4　　　　　　　　　　石材地面工程质量验收要求与检验方法

任务	序号	质量要求	检验方法
主控任务	1	大理石、花岗石面层所用板块的品种、质量应符合设计要求	观察检查和检查材质合格记录
	2	面层与下一层应结合牢固，无空鼓	用小锤轻击检查

续表

任务	序号	质量要求	检验方法
一般任务	3	大理石、花岗石面层的表面应洁净、平整、无磨痕，且应图案清晰、色泽一致、接缝均匀、周边顺直、镶嵌正确，板块无裂纹、掉角、缺棱等缺陷	观察检查
	4	踢脚线表面应洁净，高度一致、结合牢固、出墙厚度一致	观察和用小锤轻击及钢尺检查
	5	面层表面的坡度应符合设计要求，不倒泛水、无积水；与地漏、管道结合处应严密牢固，无渗漏	观察、泼水或坡度尺及蓄水检查

注：凡单块板块边角有局部空鼓，且每间（标准间）不超过总数的 5% 可不计。

表 4-5　大理石和花岗石面层（或碎拼大理石、碎拼花岗石）的允许偏差和检验方法

序号	检查任务	允许偏差或允许值/mm	检验方法
1	表面平整度	1.0	用 2m 靠尺和楔形塞尺检查
2	缝格平直	2.0	拉 5m 线和用钢尺检查
3	接缝高低差	0.5	用钢尺和楔形塞尺检查
4	踢脚线上口平直	1.0	拉 5m 线和用钢尺检查
5	板块间隙宽度	1.0	用钢尺检查

（2）活动地板工程质量验收（表 4-6、表 4-7）

表 4-6　　　活动地板工程质量验收要求与检验方法

任务	序号	质量要求	检验方法
主控任务	1	面层材质必须符合设计要求，且应具有耐磨、防潮、阻燃、耐污染、耐老化和导静电等特点	观察检查和检查材质合格证明文件及检测报告
	2	活动地板面层应无裂纹、掉角和缺棱等缺陷。行走无声响、无摆动	观察和脚踩检查
一般任务	3	活动地板面层应排列整齐、表面洁净、色泽一致、接缝均匀、周边顺直	观察检查

表 4-7　　　活动地板面层的允许偏差和检验方法

序号	检查任务	允许偏差或允许值/mm	检验方法
1	表面平整度	2.0	用 2m 靠尺和楔形塞尺检查
2	缝格平直	2.5	拉 5m 线和用钢尺检查

续表

序号	检查任务	允许偏差或允许值/mm	检验方法
3	接缝高低差	0.4	用钢尺和楔形塞尺检查
4	踢脚线上口平直	—	拉5m线和用钢尺检查
5	板块间隙宽度	0.3	用钢尺检查

（3）陶瓷地砖、陶瓷锦砖地面工程质量验收（表4-8、表4-9）

表4-8　　　　　　陶瓷地砖、陶瓷锦砖地面工程质量验收要求与检验方法

任务	序号	质量要求	检验方法
主控任务	1	面层所用的板块的品种、质量必须符合设计要求	观察检查和检查材质合格证明文件及检测报告
	2	面层与下一层的结合（黏结）应牢固，无空鼓	用小锤轻击检查
一般任务	3	砖面层的表面应洁净、图案清晰，色泽一致、接缝平整、深浅一致、周边顺直。板块无裂纹、掉角和缺棱等缺陷	观察检查
	4	面层邻接处的镶边用料及尺寸应符合设计要求，边角整齐、光滑	观察和用钢尺检查
	5	踢脚线表面应洁净、高度一致、结合牢固、出墙厚度一致	观察和用小锤轻击及钢尺检查
	6	面层表面的坡度应符合设计要求，不倒泛水、无积水；与地漏、管道结合处应严密牢固，无渗漏	观察、泼水或坡度尺及蓄水检查

注：凡单块砖边角有局部空鼓，且每自然间（标准间）不超过总数的5%可不计。

表4-9　　　　　　陶瓷地砖、陶瓷锦砖面层的允许偏差和检验方法

序号	检查任务	允许偏差或允许值/mm	检查方法
1	表面平整度	2.0	用2m靠尺和楔形塞尺检查
2	缝格平直	3.0	拉5m线和用钢尺检查
3	接缝高低差	0.5	用钢尺和楔形塞尺检查
4	踢脚线上口平直	3.0	拉5m线和用钢尺检查
5	板块间隙宽度	2.0	用钢尺检查

（4）木地板地面工程质量验收（表4-10、表4-11、表4-12）

表 4-10　　　　　　　　　　木地板地面工程质量验收要求与检验方法

任务	项次	质量要求	检验方法
主控任务	1	实木地板面层所采用的材质和铺设时的木材含水率必须符合设计要求。木格栅、垫木和毛地板等必须做防腐、防蛀处理	观察检查和检查材质合格证明文件及检测报告
	2	木格栅安装应牢固、平直	观察、脚踩检查
	3	面层铺设应黏结牢固，无空鼓	观察、脚踩或用小锤轻击检查
	4	复合地板面层所采用条材和块材的技术等级和质量要求应符合设计要求	观察检查和检查材质合格记录
一般任务	5	实木地板面层应刨平、磨光，无明显刨痕和毛刺等现象，图案清晰，颜色均匀一致	观察、手摸和脚踩检查
	6	面层缝隙应严密，接头位置应错开，表面洁净	观察检查
	7	拼花地板接缝应对齐，粘、钉严密，缝隙宽度均匀一致，表面洁净，胶粘无溢胶	观察检查
	8	踢脚线表面应光滑，接缝严密，高度一致	观察和钢尺检查
	9	实木复合地板面层图案和颜色应符合设计要求，图案清晰，颜色一致，板面无翘曲	观察检查

表 4-11　　　　　　　　　　实木地板面层的允许偏差和检验方法

项次	项目	允许偏差/mm			检验方法
		松木地板	硬木地板	拼花地板	
1	板面缝隙宽度	1.0	0.5	0.2	用钢尺检查
2	表面平整度	3.0	2.0	2.0	用2m靠尺和楔形塞尺检查
3	踢脚线上口平齐	3.0	3.0	3.0	拉5m通线，不足5m拉通线
4	板面拼缝平直	3.0	3.0	3.0	和用钢尺检查
5	相邻板材尚差	0.5	0.5	0.5	用钢尺和楔形塞尺检查
6	踢脚线与面层的接缝	1.0			楔形塞尺检查

表 4-12　　　　　　　　　　复合木地板面层的允许偏差和检验方法

项次	项目	允许偏差/mm	检验方法
1	板面缝隙宽度	2.0	用钢尺检查
2	表面平整度	2.0	用2m靠尺及楔形塞尺检查
3	踢脚线上口平齐	3.0	拉5m线，不足5m拉通线

续表

项次	项目	允许偏差/mm	检验方法
4	板面拼缝平直	3.0	或用钢尺检查
5	相邻板材尚差	0.5	用尺量和楔形塞尺检查
6	踢脚线与面层的接缝	0.1	楔形塞尺检查

（5）PVC 塑胶地面工程质量验收（表 4 – 13、表 4 – 14）

表 4 – 13　　　　　　　　PVC 塑胶地面工程质量验收要求与检验方法

任务	序号	质量要求	检验方法
主控任务	1	塑料板面层所用的塑料板块和卷材的品种、规格、颜色、等级应符合设计要求和现行国家标准的规定	观察检查和检查材质合格证明文件及检测报告
	2	面层与下一层的黏结应牢固，不翘边、不脱胶、无溢胶	观察检查和用敲击及钢尺检查
一般任务	3	塑料板面层应表面洁净，图案清晰，色泽一致，接缝严密、美观，拼缝处的图案、花纹吻合，无胶痕，与墙边交接严密，阴阳角收边方正	观察检查
	4	板块的焊接，焊缝应平整、光洁，无焦化变色、斑点、焊瘤和起鳞等缺陷，其凹凸允许偏差为 ±0.6mm。焊缝的抗拉强度不得小于塑料板强度的 75%	观察检查和检查检测报告
	5	镶边用料应尺寸准确，边角整齐，拼缝严密，接缝直	用钢尺和观察检查

注：卷材局部脱胶处面积不应大于 20cm²，且相隔间距不小于 50cm 可不计；凡单块板块料边角局部脱胶处且每自然间（标准间）不超过总数的 5% 者可不计。

表 4 – 14　　　　　　　　塑料板面层的允许偏差和检验方法

序号	检查任务	允许偏差或允许值/mm	检验方法
1	表面平整度	2.0	用 2m 靠尺和楔形塞尺检查
2	缝格平直	3.0	拉 5m 线和用钢尺检查
3	接缝高低差	0.5	用钢尺和楔形塞尺检查
4	踢脚线上口平直	2.0	拉 5m 线和用钢尺检查
5	板块间隙宽度	—	用钢尺检查

（6）地毯地面工程质量验收（表 4 – 15）

表 4-15 地毯地面工程质量验收要求与检验方法

任务	序号	质量要求	检验方法
主控任务	1	地毯的品种、规格、颜色、花色、胶料和辅料及其材质必须符合设计要求和国家现行地毯产品标准的规定	观察检查和检查材质合格记录
	2	地毯表面应平服，拼缝处粘贴牢固，严密平整，图案吻合	观察检查
一般任务	3	地毯表面不应起鼓、起皱、翘边、卷边、显拼缝、露线和无毛边，绒面毛顺光一致，毯面干净，无污染和损伤	观察检查
	4	地毯同其他面层连接处、收口处和墙边、柱子周围应顺直、压紧	观察检查

项目小结

本项目详细介绍了不同类型的楼地面工程，也侧重介绍了新型地面材料及施工工艺。内容以实际的工作过程为依据，分为施工准备、施工操作、竣工验收三部分，侧重的应用性知识点包括楼地面工程涉及的材料及机具、楼地面工程施工工艺及操作要点、楼地面工程质量检测。侧重的能力目标是所学知识的实际灵活运用及对楼地面工程中实际问题的处理解决能力。

习题

1. 楼地面的基本构造层次有哪些？
2. 楼地面有哪些装饰类型？
3. 楼地面常的装饰材料有哪些？
4. 简述石材楼地用面施工工艺及操作要点。
5. 简述活动地板楼地面施工工艺及操作要点。
6. 木地板有哪些类型？简述木地板施工工艺及操作要点。
7. 简述陶瓷地砖地面的施工工艺及操作要点。

项目五　门窗装饰工程施工

 教学目标

通过本项目的学习，学生掌握门窗装饰施工质量控制、检验的方法，具有指导门窗施工和管理的能力。

 教学要求

能力目标	知识要点	权重	自测分数
门窗装饰工程施工认识	门窗装饰工程施工认识	5%	
门窗装饰工程施工技术	门窗装饰工程施工的工艺	30%	
	门窗装饰工程施工的操作要点	20%	
	门窗装饰工程施工的细部处理	5%	
门窗的构造	塑钢门窗的构造	15%	
	铝合金门窗的构造	10%	
	木门窗和钢门窗的构造	5%	
门窗的质量检验	门窗的质量检验方法	10%	

 项目导读

门和窗是房屋的重要组成部分。门的主要功能是交通联系，窗主要供采光和通风之用，它们均属于建筑的维护构建。从提高门窗工程整体质量的角度出发，我们应对门窗装饰施工引起足够的重视，并结合门窗装饰施工实际，深入研究门窗装饰的施工要点。

引例

2015 年四川宜宾某小区李先生购买 $120m^2$ 的三室两厅两卫一厨的房，在接房后进行装修时，墙面都装修得差不多了。一天，李先生到房间来看，发现主卧室的窗玻璃呈碎米状。李先生很是生气，以为是人为造成的，但装饰施工人员说他们没有破坏，后来一打听其他住户也有这种现象。报告给物管，物管工程部来检查，是钢化玻璃质量的问题。玻璃的质量未能达到设计的要求。

整个小区的玻璃都要求更换，开发商很是着急。不更换业主与物管通不过，而且影响信誉；更换的话经济损失太大。又违反设计要求，只好更换，并进行重新验收。

 案例小结

为确保门窗工程质量在施工阶段得到有效控制，门窗施工时要符合门窗设计图纸、设计说明，弄清采用的门窗的规格、构造、性能要求、安装节点。

任务 5.1　门窗装饰工程施工认知

本项目应掌握门窗的主要功能，门窗的分类，门窗的组成及尺寸。该任务的重点是门窗的安装方法及施工技术，要求掌握门窗的构造做法及安装过程，着重掌握门窗的施工操作工艺要点及门窗安装常见的通病。

门窗在建筑中的主要功能：通行和疏散，采光、通风、围护、美观、观察和传递、装饰；因此门窗的设计必须满足使用的要求，采光和通风的要求，防风雨、保温隔热的要求，建筑视觉效果的要求，适应建筑工业化生产的要求以及其他要求，如坚固、耐久、灵活、便于清洗维修。

5.1.1　门窗的主要功能

（1）门的主要功能

通行和疏散，采光、通风、围护、美观。

（2）窗的主要功能

采光和通风，围护、观察和传递、装饰。

5.1.2　门窗的形式

5.1.2.1　门的形式

（1）按开启方式分类

通常有平开门、弹簧门、推拉门、折叠门、转门等。

①平开门：平开门是指合页（铰链）装于门侧面、向内（左内开，右内开）或向外开启（左外开，右外开）的门。由门套、合页、门扇、锁等组成。

②弹簧门：弹簧门是装有弹簧合页的门，开启后会自动关闭。

③推拉门：推拉门源于中国，经中国文化传至朝鲜、日本。从字义上讲是指推动拉动的门；从材料上讲，有木材、金属、有机材料、无机材料（如玻璃）之分；可用于衣柜、书柜、壁柜、卧室、客厅、展示厅。

④折叠门：折叠门，家具术语，主要适用于车间、商场、办公楼、展示厅和家庭等场所的隔断，内门、外门均可安装使用。可有效起到隔温、防尘、降噪、隔音、遮蔽等作用。

⑤转门：转门是三扇或四扇门连成一个风车形、固定在两个弧形门套内旋转的门。转门对防止内外空气的对流有一定作用，可以作为公共建筑及空气调节房屋的外门。

（2）按材质分类

有木门、钢门、铝木复合门、玻璃门等。

（3）按功能分类

有保温门、防火门、防盗门、气密门等。

5.1.2.2　窗的形式

窗的形式一般按开启方式定。而窗的开启方式主要取决于窗扇铰链安装的位置和转动方式。通常窗的开启方式有以下几种：

（1）平开窗

铰链安装在窗扇一侧与窗框相连，内外或向内水平开启。有单扇、双扇、多扇及向内开与向外开之分。平开窗构造简单，开启灵活，制作维修均方便，是民用建筑中使用最广泛的窗。

（2）固定窗

固定窗是用密封胶把玻璃安装在窗框上，只用于采光而不开启通风的窗户，有良好的水密性和气密性。

（3）悬窗

悬窗是沿水平轴开启的窗。根据铰链和转轴位置的不同，分为上悬窗、下悬窗、中悬窗。

①上悬窗：铰链安装在窗扇的上边，一般向外开启，防雨好。

②下悬窗：铰链安装在窗扇的下边，一般向内开启，通风较好，但不防雨。

③中悬窗：窗扇两边中部装水平转轴。开关方便、省力、防雨。

5.1.3　门窗的组成

（1）门的组成和尺寸

①组成：主要由门框、门扇、亮子和五金零件组成，如图5-1所示。

②尺寸：可根据交通、运输以及疏散要求来确定。一般情况下，单扇门的宽度为800～1000mm，双扇门的宽度为1200～1800mm。门的高度一般不宜小于2100mm，有亮子时可适当增高300～600mm。对于大型公共建筑，门的尺度可根据需要另行确定。

（2）窗的组成和尺寸

①组成：主要由窗框、窗扇、五金零件和附件等四部分组成。图5-2为平开木窗的组成示意。

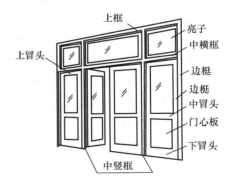

图5-1　平开木门的组成

窗框是窗与墙体的连接部分，由上框、下框、边框、中横框和中竖框组成。

窗扇是窗的主体部分，分为活动扇和固定扇两种，一般有上冒头、下冒头、边梃和窗芯组成骨架，中间固定玻璃、窗纱或百叶。

②尺寸：既要满足采光、通风与日照的需要，又要符合建筑立面设计及建筑模数协调的要求。我国大部分地区标准窗的尺寸均采用3M的扩大模数。

（3）门窗五金件

门窗五金件主要有拉手、锁具、自动闭门器、门挡、门窗定位器、合页、插销、滑轮、滑轨等。

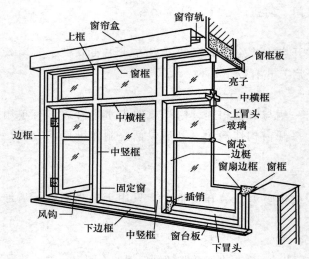

图 5 - 2　平开木窗的组成

①拉手和门锁：拉手是安装在门上、便于开启操作的器具，一般有普通拉手、底板拉手、管子拉手、铜管拉手、不锈钢双管拉手、方形大门拉手、双排（三排、四排）铝合金拉手、铝合金推板拉手等，可根据造型需要选用。

②自动闭门器：自动闭门器是能自动关闭开着的门的装置，分液压式自动闭门器和弹簧自动闭门器两类。按所安装部位不同，又可分为地弹簧、门顶弹簧、门底弹簧和弹簧门弓。

③门挡：门挡又称门吸或者磁力定门器，它是保证门扇打开时使门扇与墙体之间保持一定的距离，防止门扇、拉手碰撞墙壁的一种五金装置，且同时可以固定门扇，它分为固定于地面上和固定于墙面上两种。

④门窗定位器：门窗定位器一般装于门窗扇的中部或下部，作为固定门窗扇的有风钩、橡皮头门钩、门轧头、脚踏门挚和磁力定门器等。

⑤合页：一般有普通合页、插芯合页、轻质薄合页、方合页、抽心合页、单（双）管式弹簧合页、H 形合页、蝴蝶合页、轴承合页、尼龙垫圈无声合页、冷库门合页、钢门窗合页等。

任务 5.2　门窗装饰工程施工

5.2.1　木门的施工要点

（1）木门的种类

①按开启方式分类：平开门、弹簧门、推拉门（暗装式和明装式）、折叠门、转门。

②按门扇的数量分：单开门、双开门、子母门。

③按构造特点分：夹板门、镶板门、拼板门、实拼门、镶玻璃门、玻璃门。

（2）木门的构造

木门包括门扇、门套、门套线及安装配件。

①门扇：一般包括门芯、过渡层、封边、饰面、装饰线。

②门套：门套由门窗、筒子板、贴脸线组成。它包括多种，如中国传统式门套、现场制作门套、欧式快装套、字母套等。

③安装配件：主要包括合页、锁、闭门器、猫眼、门吸、插销、门扣、密封条等。

（3）施工准备

①材料及主要机具：木门的型号、尺寸、数量及质量必须符合设计要求，有出厂合格证；木料含水率不大于12%；防火门要有防火等级证书及出厂合格证。小五金及其配件的种类、规格、型号必须符合图纸要求，并与门框扇相匹配，且产品质量必须是合格产品。

主要机具：刨子、锯、锤子、改锥、塞尺、线坠、墨斗、木钻等。

②作业条件：门框进入施工现场必须检查验收。门框扇安装前必须检查型号、尺寸是否符合要求，有无窜角、翘扭、弯曲、劈裂及木节等情况。

木门框靠墙、靠地的一面刷防腐涂料，其他各面及扇涂刷清油一道，刷油后通风干燥。

刷好清油的门应分类码放在存物架上，架子上面垫平，离地 20～30cm。码放时框与框、扇与扇之间垫木板条通风。门框、扇严禁露天堆放，避免日晒雨淋发生翘曲、劈裂。

（4）工艺流程

弹线找规矩→确定安装位置→确定安装标高→安装样板→弹线、门框安装→门扇安装

①墙体工程完成后即可进行门框的安装，施工前，楼层的50线及房间控制线必须放测完毕。

②室内外门框应根据图纸位置和标高安装，为保证安装牢固，应提前检查预埋木砖数量是否满足要求；安装门框时应采用将钉帽砸扁的10cm钉子，顺木纹钉入框内，钉帽入框2mm，每块木砖上钉两枚。

③门框靠混凝土柱无木砖固定时，采用80mm×30mm×2mm的铁皮先与门框用螺丝

紧固，再将伸出的爬脚用射钉固定在混凝土柱上，起到固定门框的作用。

④在进行全面施工前，应先做样板。

⑤弹线、安装门框。根据门的尺寸、标高、位置及开启方向，在墙上弹出安装位置线；有贴脸的门立框时，应与抹灰面齐平。

⑥门扇安装：先确定门的开启方向及小五金型号、安装位置、对开门扇扇口的裁口位置及盖口扇方向（一般右扇为盖口扇）。

将门扇靠在框上画出相应的尺寸线，如果门扇较大，则应根据框的尺寸将大出的部分刨去；若门扇较小，则应绑木条，且木条应绑在装合页的一面，用胶粘后并用钉子钉牢，钉帽要砸扁，顺木纹送入框内 2mm。

第一次修刨后的门扇应以能塞入口内为宜，塞好后用木楔顶住临时固定；按门扇与口边缝宽尺寸合适，画出第二次修刨线，标出合页槽的位置（距门扇的上下端各 1/10，且避开上下冒头）。同时应注意口与门扇安装的平整。

门扇第二次修刨，缝隙尺寸合适后，即安装合页。应先用线勒子勒出合页的宽度，根据上下冒头 1/10 的要求，定出合页安装边线，分别从上下边线往里量出合页长度，剔合页槽，以槽的深度来调整门扇安装后与框的平整，刨合页时应留线，不应剔得过大、过深。合页剔槽必须裁边齐整。

合页槽剔好后，安装上下合页。安装时先拧一个螺丝，然后关上门检查缝隙是否合适，口与扇是否平整，无问题后方可将螺丝全部拧上拧紧。对较硬木框料必须打眼后塞木钉再拧紧螺丝，以防安装劈裂或螺丝拧断。

安装对开扇时，应将门扇的宽度用尺量好，再确定中间对口缝的裁口深度。

小五金安装应符合设计图纸的要求，不得遗漏；门锁、碰珠、拉手等距地高度为 95～100cm，插销应在拉手下面，木质防火门必须按要求安装闭门器。

门扇开启后易碰墙，为固定门扇位置，应安装门碰头。

（5）质量标准

①门框安装位置必须符合设计要求。

②门框必须安装牢固，固定点符合设计要求和施工规范的规定。

③门扇安装：裁口顺直，刨面平整、光滑，开关灵活、稳定，无回弹和倒翘。

④小五金安装：位置适宜，槽深一致，边缘整齐，尺寸准确；小五金安装齐全，规格符合要求，木螺丝拧紧卧平，插销开启灵活。

⑤木门安装允许偏差及留缝宽度见表 5-1。

表 5-1　　　　　　　　　　　　木门安装允许偏差及留缝宽度　　　　　　　　　　　单位：mm

项次	项目	指标	检验方法
1	框的正侧面垂直度允许偏差	3	用 1m 托线板检查
2	框的对角线长度差允许偏差	Ⅰ级：2	用尺量检查
3	框与扇、扇与扇接触处高低差允许偏差	2	用直尺及楔形塞尺检查

续表

项次	项目	指标	检验方法
4	门扇对口和扇与框间留缝宽度	1.5 ~ 2.5	
5	框与扇上缝留缝宽度	1.0 ~ 1.5	
6	门扇与地面间留缝宽度	外门 4 ~ 5	用楔形塞尺检查
		内门 6 ~ 8	
		卫生间门 10 ~ 12	
7	门扇与下坎间留缝宽度	外门 4 ~ 5	
		内门 3 ~ 5	

（5）成品保护

①门框安装后钉窄木条保护，高度为1.2m，以防推小车等碰坏门框。

②修刨门时，应用木卡具将门垫起卡牢，以免损坏门边。

③安装门时轻拿轻放，防止损坏成品；修整门时不能硬撬，以免损坏扇料和小五金。

④安装门扇时，防止碰撞抹灰口角和其他装饰好的成品面层。

⑤严禁将门框扇作为架子的支点使用，防止脚手板搬动时砸碰和损坏门框扇。

⑥小五金安装后，注意做好成品保护。

⑦门扇装好后不得在室内推车，防止破坏和砸碰到门。

5.2.2　木窗的安装

（1）木窗的构造

木窗一般由窗框、窗扇和五金配件组成。

窗框是窗与墙体的连接部分，由上框、下框、边框、中横框和中竖框组成。

窗扇是窗的主体部分，分为活动扇和固定扇两种，一般有上冒头、下冒头、边梃和窗芯组成骨架，中间固定玻璃、窗纱或百叶。

五金配件有铰链、插销、风钩等。

（2）木窗的施工要点

①窗套安装首先要求垂直、水平。

②先固定铰位一边，要贴紧，不能有缝隙，上下和左右垂直，用螺丝或枪钉固定。

③窗套线与窗框压缝不能超过0.3mm，线条在锯45°角时边角要直，如有毛刺，用砂纸磨光后拼角。

④安装好窗后，检查窗缝是否两边相等，窗缝是否有过大或过小；要开合页时量准尺寸后，方可加工，装合页时螺钉要打平直，装锁要牢固平齐。

⑤做好产品保护。

5.2.3　铝合金门窗的装饰工程施工

（1）铝合金门窗安装施工工艺顺序及要点

施工工艺流程：

弹线定位、洞口修整→门窗框就位固定→塞缝、打发泡剂→刷密封胶→门窗扇安装→配件安装

①弹线定位和洞口修整：门窗安装必须弹线找直，达到上下一致，横平竖直，进出一致，根据门窗框安装线、外墙面砖的排版，对门洞口尺寸进行复核；如预留尺寸偏差较大，可用细石混凝土补浇或用钢丝网1:3水泥砂浆分层粉刷，禁止直接镶砖。

②门窗框就位固定：门窗框安装应采用镀锌连接片固定，中间间距为400～500mm，角部小于180mm时，采用射钉直接固定在混凝土块上；严禁连接片直接在保温层上进行固定。门窗镀锌片安装位置如图5-3所示。

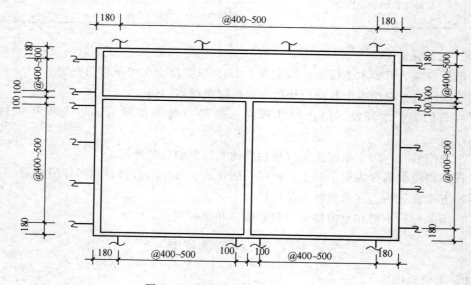

图5-3　门窗镀锌连接片安装位置

③塞缝、打发泡剂：侧壁和天盘打发泡剂，发泡剂必须连续饱满，溢出框外的发泡剂应在固化前塞入缝内，严禁外膜破损，窗台可采用水泥砂浆或细石混凝土嵌填。对于高层有防雷要求的，由水电安装单位连接避雷装置，门窗施工单位配合。

④打密封胶：从框外边向外涂水泥防渗透型无机防水涂料两道，宽度不小于180mm，粉刷完成后外侧留设5～8mm的凹槽，打密封胶一道；打密封胶必须在墙体干燥后进行；窗框的拼接处、紧固螺丝必须打密封胶。密封胶应打在水泥砂浆或外墙腻子上，禁止打在涂料面层上。

⑤门窗扇的安装：室外玻璃与框扇间应填嵌密封胶，不应采用密封条，密封胶必须饱满，黏结牢固，以防渗水。室内镶玻璃应用橡胶密封条，所用的橡胶密封条应有20mm的伸缩余量，转角处断开，并用密封胶在转角处固定。为防止推拉门窗扇脱落，必须设置限位块，其限位间距应小于扇的1/2。

⑥配件安装：各类连接铁件的厚度、宽度应符合细部节点详图规定的要求。五金配件与门窗连接用镀锌螺钉。

（2）质量标准

①合格：门窗外观表面洁净，颜色一致，无划痕、碰伤、锈蚀，无毛边、飞刺、腐

蚀斑痕及其他污迹，刷胶表面光滑、平整，无气泡。

门窗扇关闭严密，间隙基本均匀，开关灵活。

门窗五金件附件齐全，安装位置正确牢固，灵活适用，达到各自的功能。

金属门窗框与墙体间缝隙填嵌饱满，填塞材料符合设计要求。

②优良：门窗外观表面洁净，颜色一致，拼接缝严密无缝隙，无划痕、碰伤、锈蚀、无毛边、飞刺、腐蚀斑痕及其他污迹，刷胶表面光滑平整，厚度均匀，线条粗细一致，无气泡。

门窗扇关闭严密，间隙均匀，开关灵活。

门窗五金件附件齐全，安装位置正确牢固，灵活适用，达到各自的功能，端正美观，无污染，

金属门窗框与墙体间缝隙填嵌饱满密实，表面光滑、平整，无裂缝，填塞材料及方法符合设计要求。

（3）验收与评定

①门窗安装前检查内容：门窗洞口弹线（水平控制线、垂直控制线、进出线）；洞口修整处理完毕，门窗框扇半成品质量，保护膜的粘贴等。

在门窗专业承包商进场安装前，专业工程师必须和现场监理工程师共同检查土建单位的门窗洞口准备过程，检查符合规定后，由现场监理工程师签出门窗框安装许可单。

监理和专业工程师对进场的铝合金门窗进行资料实物验收检查，尤其须按门窗加工制作细部详图验收，不符合要求的严禁使用。

②门窗安装过程检查项目：门窗框连接固定间距、框周塞缝、门窗框垂直度、对角线尺寸、有防雷要求的连接、玻璃装配减震垫块；要求专业工程师随同检查。

③门窗安装完成检查项目：刷胶的平滑、密实、饱满，五金件安装牢固、开启灵活，限位块的设置等。要求专业工程师随同检查。铝合金门窗安装的允许偏差和检验方法，见表5-2。

表5-2　　　　　　　　铝合金门窗安装的允许偏差和检验方法

项次	任务		允许偏差/mm	检验方法
1	门窗槽口宽度、高度	≤1500	1.5	用钢尺检查
		>1500	2	
2	门窗槽口对角线长度差	≤2000	3	用钢尺检查
		>2000	4	
3	门窗框的下、侧面垂直度		2.5	用垂直检测尺检查
4	门窗横框的水平度		2	用1m水平尺塞尺检查
5	门窗横框标高		5	用钢尺检查
6	门窗竖向偏离中心		5	用钢尺检查
7	双层门窗内外框间距		4	用钢尺检查
8	推拉门窗扇与框搭接量		1.5	用钢直尺检查

铝合金门窗施工完毕，施工单位自检合格后报监理部，应由总监理工程师组织专业监理工程师、施工单位技术人员、工程部专业工程师等人员对铝合金门窗进行检查与验收评定。

分户验收时，人工淋水逐户检查，门窗专业承包商负责试水准备工作和试水工作，在现场专业代表和监理工程师共同监督的情况下对门窗进行试水检验。

遇大风大雨天气，现场专业工程师组织监理对门窗渗漏情况进行逐樘检查，发现问题及时通知门窗专业承包商维修。

5.2.4　塑钢门窗的装饰工程施工

（1）技术准备

①塑钢门窗安装前，应先认真熟悉图纸，核实门窗洞口位置、洞口尺寸，检查门窗的型号、规格、质量是否符合设计要求，如图纸对门窗框位置无明确规定时，施工负责人应根据工程性质及使用具体情况，作统一交底，明确开向、标高及位置（墙中、内平或外平等）。

②安装门窗框前，墙面要先做标筋，安装时依标筋定位。

③二层以上建筑物安装门窗框时，上层框的位置要用线坠等工具与下层框吊齐、对正；在同一墙面上有几层窗框时，每层都要拉通线找平窗框的标高。

④门窗框安装前，应对 +50cm 线进行检查，并找好窗边垂直线及窗框下皮标高的控制线，在可能的情况下，拉通线，以保证门窗框高低一致。

⑤制订该分项工程的质量目标、检查验收制度等保证工程质量的措施。

（2）材料要求

①塑钢门窗的制作和安装必须按设计和有关图集要求；窗型材壁厚≥1.2mm，门型材壁厚≥1.5mm，不得用小料代替大料，不得用塑料型材代替塑钢型材。

②塑钢型材表面应经过处理，表面应光滑、色彩统一。

③塑钢门窗的密封材料，可选用硅酮胶、聚硫胶、聚氨酯胶等；密封条可选用橡胶条、橡塑条等。

④下料切割的截面应平整、干净，无切痕、毛刺。

⑤下料时应注意同一批料要一次下齐，并要求表面氧化膜的颜色一致，以免组装后影响美观。

⑥一般推拉门窗下料时宜采用45°角切割；其他类型则应根据拼装方式决定。

⑦窗框下料时，要考虑窗框加工制作的尺寸，应比已留好的窗洞口尺寸每边小 20～25mm（此法为后收口方法）或 5～8mm（采用膨胀螺栓固定门窗），窗框的横、竖料都要按照这个尺寸来裁切，以保证安装合适。

（3）主要机具

①施工工具：切割机、小型电焊机、电钻、冲击钻、射钉枪、打胶筒、线锯、手锤、扳手、螺丝刀、灰线袋。

②质量检测工具：线坠、塞尺、水平尺、钢卷尺、弹簧秤。

（4）作业条件

①塑钢门窗安装工程应在主体结构分部工程验收合格后，方可进行施工。

②弹出楼层轴线或主要控制线（如 50cm 线），并对轴线、标高进行复核。

③预留铁脚孔洞或预埋铁件的数量、尺寸已核对无误。

④塑钢门窗及其配件、辅助材料已全部运到施工现场，数量、规格、质量完全符合设计要求。

⑤管理人员已进行了技术、质量、安全交底。

（5）工艺流程

塑钢门窗安装工艺流程如图 5 - 4 所示。

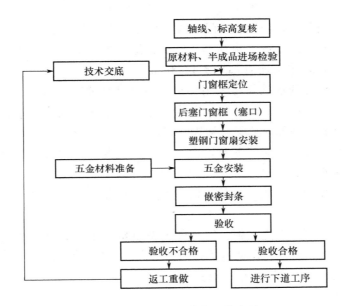

图 5 - 4　塑钢门窗安装工艺流程

（6）操作要求

①立门窗框前，要看清门窗框在施工图上的位置、标高、型号、门窗框规格、门扇开启方向，门窗框是内平、外平或是立在墙中等，根据图纸设计要求在洞口上弹出立口的安装线，照线立口。

②预先检查门窗洞口的尺寸、垂直度及预埋件数量。

③塑钢门窗框安装时用木楔临时固定，待检查立面垂直、左右间隙大小、上下位置一致，均符合要求后，再将镀锌锚固板固定在门窗洞口内。

④塑钢门窗与墙体洞口的连接要牢固可靠，门窗框的铁脚至框角的距离不应大于 180mm，铁脚间距应小于 600mm。

⑤塑钢门窗框上的锚固板与墙体的固定方法有预埋件连接、燕尾铁脚连接、金属膨胀螺栓连接、射钉连接等。当洞口为砖砌体时，不得采用射钉固定。

⑥带型窗、大型窗的拼接处，如需设角钢或槽钢加固，则其上、下部要与预埋钢板焊接，预埋件可按每 1000mm 间距在洞口内均匀设置。

⑦塑钢门窗框与洞口的间隙，应采用矿棉条或玻璃棉毡条分层填塞，缝隙表面留5～

8mm 深的槽口嵌填密封材料。

⑧塑钢门窗扇安装前须进行检查，翘曲超过 2mm 的，经处置后才能使用。

⑨推拉门窗扇的安装：将配好的门窗扇分内扇和外扇，先将外扇插入上滑道的外槽内，自然下落于对应下滑道的外滑道内，然后再用同样方法安装内扇。

⑩平开门窗扇的安装：先把合页按要求位置固定在塑钢门窗框上，然后将门窗扇嵌入框内临时固定，调整合适后，再将门窗扇固定在合页上，必须保证上、下两个转动部分在同一轴线上。

⑪地弹簧门扇的安装：先将地弹簧主机埋设在地面内，浇筑混凝土使其固定。主机轴应与中横档上的顶轴在同一垂线上，主机表面与地面齐平，待混凝土达到设计强度后，调节上门顶轴将门扇装上，最后调整门扇间隙及门窗开启速度。

⑫安装门窗扇时，扇与扇、扇与框之间要留适当的缝隙，一般情况下，留缝限值不大于 2mm，无下框时门扇与地面间留缝 4～8mm。

⑬塑钢门窗各杆件的连接均是采用螺钉、铝拉铆钉来进行固定，因此在门窗的连接部位均需进行钻孔：钻孔前，应先在工作台或铝型材上画好线，量准孔眼的位置，经核对无误后再进行钻孔；钻孔时要保持钻头垂直。

⑭塑钢门窗交工之前，应将型材表面的塑料胶纸撕掉，如果塑料胶纸在型材表面留有胶痕，宜用香蕉水清洗干净。

⑮塑钢门窗横竖杆件交接处和外露的螺钉头，均需注入密封胶，并随时将塑钢门窗表面的胶迹清理干净。

⑯安装五金配件时，应先在框、扇杆件上钻出略小于螺钉直径的孔眼，然后用配套的自攻螺钉拧入，严禁将螺钉用锤直接打入。

⑰门锁安装应在门扇合页安装完后进行。

（7）质量标准

①主控任务：

a. 塑钢门窗的品种、类型、规格、尺寸、性能、开启方向安装位置、连接方式及塑钢门窗的型材壁厚应符合设计要求；塑钢门窗的防腐处理及填嵌、密封处理应符合设计要求。

检验方法：观察；尺量检查；检查产品合格证书、性能检测报告、进场验收记录和复验报告：检查隐蔽工程验收记录。

b. 塑钢门窗框的安装必须牢固；预埋件的数量、位置、埋设方式、与框的连接方式必须符合设计要求。

检验方法：手扳检查：检查隐蔽工程验收记录。

c. 塑钢门窗扇必须安装牢固，并应开关灵活、关闭严密，无倒翘；推拉门窗扇必须有防脱落措施。

检验方法：观察；开启和关闭检查；手扳检查。

d. 塑钢门窗配件的型号、规格、数量应符合设计要求，安装应牢固，位置应正确，功能应满足使用要求。

检验方法：观察；开启和关闭检查；手扳检查。

②一般任务：

a. 塑钢门窗表面应洁净、平整、光滑、色泽一致，无锈蚀；大面应无划痕、碰伤；漆膜或保护层应连续。

检验方法：观察。

b. 塑钢门窗推拉门窗扇开关力应不大于 100N。

检验方法：用弹簧秤检查。

c. 塑钢门窗框与墙体之间的缝隙应填嵌饱满，并采用密封胶密封；密封胶表面应光滑、顺直，无裂纹。

检验方法：观察；轻敲门窗框检查；检查隐蔽工程验收记录。

d. 塑钢门窗扇的橡胶密封条和毛毡密封条应安装完好，不得脱槽。

检验方法：观察；开启和关闭检查。

e. 有排水孔的塑钢门窗，排水孔应畅通，位置和数量应符合设计要求。

检验方法：观察。

f. 塑钢门窗安装的允许偏差和检验方法应符合表 5-3 规定。

表 5-3　　　　　　　　　　塑钢门窗安装的允许偏差和检验方法

项次	任务		允许偏差/mm	检验方法
1	门窗槽口宽度、高度	≤1500mm	1.5	用钢尺检查
		>1500mm	2	
2	门窗槽口对角线长度差	≤2000mm	3	用钢尺检查
		>2000mm	4	
3	门窗框的正、侧面垂直度		2.5	用垂直检测尺检查
4	门窗横框的水平度		2	用 1m 水平尺和塞尺检查
5	门窗横框标高		5	用钢尺检查
6	门窗竖向偏离中心		5	用钢尺检查
7	双层门窗相邻扇高度差		4	用钢尺检查
8	推拉门窗相邻扇高度差		1.5	用钢直尺检查

（8）资料核查

塑钢门窗工程验收前，应提供下列文件和记录：

①门窗工程的施工图、设计说明及其他设计文件。

②材料（铝材、小五金等）的产品合格证书、性能检测报告、进场验收记录和复验报告。

③特种门及其附件的生产许可文件。

④隐蔽工程验收记录。

a. 预埋件和锚固件。

b. 隐蔽部位的防腐、填嵌处理。

c. 建筑外墙窗的抗风压性能、空气渗透性能和雨水渗漏性能。

d. 检验批的验收记录。

e. 施工记录。

（9）观感核查

塑钢门窗分项工程验收时，应对该分项工程的观感作出总体评价。

①塑钢门窗安装正确，符合图纸设计要求和规范规定。

②门窗框（扇）安装牢固，无变形、翘曲、窜角现象。

③门窗框（扇）割角、拼缝严密，横平竖直，表面平整洁净，无划痕、碰伤、锈蚀。

④门窗扇缝隙均匀、平直，关闭严密，开启灵活。

⑤合页、拉手、插销、门锁等小五金附件齐全，位置统一，安装牢固，使用灵活。

⑥门窗框与墙体间缝隙填嵌饱满密实，涂胶表面平整、光滑，无裂缝，厚度均匀，无气孔。

（10）成品保护

①塑钢门窗应用无腐蚀性的软质材料包严扎牢，放置在通风干燥的地方，严禁与酸、碱、盐等有腐蚀性的物品接触。

②塑钢门窗应尽量在室内存放，堆放时严禁平放，必须竖放，其倾斜度不小于75°，露天存放时，下部应垫高100mm以上，上面应覆盖篷布保护，防止日晒雨淋。

③严禁利用塑钢门窗搭设脚手板及悬吊重物，以防损坏。

④在施工过程中不得损坏塑钢门窗上的保护膜，人工搬运门窗时，应轻拿缓放，不准用杠棒穿入框内扛抬，严禁撬、甩、丢、摔。

⑤加强工人责任心，搬运架板、材料时不得碰撞门框，并随时擦净塑钢门窗框（扇）表面上沾污的水泥砂浆，以免腐蚀塑钢材质。

⑥严禁从已安好的窗框中向外扔建筑垃圾和模板、架板等物件。

5.2.5 门窗玻璃的装饰工程施工

（1）作业条件

①门窗五金安装完毕，经检查合格后，在涂刷最后一道油漆前安装玻璃。

②钢门窗在安装玻璃前，要求认真检查是否有扭曲变形等情况，应修整和挑选后，再进行玻璃安装。

③安装玻璃前，应按照设计要求的尺寸及结合实测尺寸，预先集中裁制，并按不同规格和安装顺序码放在安全地方待用。

④由市场直接购买到的成品腻子，或使用熟桐油等天然干性油自行配制的腻子，可直接使用；如用其他油料配制的腻子，必须经过检验合格后方可使用。

⑤对于加工后进场的半成品玻璃，提前核实来料的尺寸留量，长宽各应缩小1个裁口宽的1/4（一般每块的玻璃的上下余量3mm，宽窄余量4mm），边缘不得有斜曲或缺角等情况，并应有针对性地选择几樘进行试行安装，如有问题，应做再加工处理或更换。

（2）施工工艺

①工艺流程：清理门窗框→量尺寸→下料→裁割→安装。

②门窗玻璃安装顺序，一般按照先安外门窗，后安内门窗，先西北后东南的顺序安

装；如果因工期要求或劳动力允许，也可同时进行安装。

③安装玻璃前应清理裁口。先在玻璃底面与裁口之间，沿裁口的全长均匀涂抹 1～3mm 厚的底腻子，接着把玻璃推铺平整、压实，然后收净底腻子。

④木门窗玻璃推平、压实后，四边分别钉上钉子，钉子间距 150～200mm，每边不少于 2 个钉子，钉完后用手轻敲玻璃，响声坚实，说明玻璃安装平实；如果有"拍拉拍拉"的响声，说明腻子不严，要重新取下玻璃，铺实底腻子后，再推压挤平，然后用腻子填实，将灰边压平压光，但不得将玻璃压得过紧。

⑤门窗固定扇（死扇）玻璃的安装：应先用扁铲将木压条撬出，同时退出压条上的小钉，并在裁口处抹上底腻子，把玻璃推铺平整，然后嵌好四边木压条将钉子钉牢，底灰修好、刮净。

⑥钢门窗安装玻璃：将玻璃装进框口内轻压，使玻璃与底腻子粘住，然后沿裁口玻璃边侧装上钢丝卡，钢丝卡要卡住玻璃，卡子间距不得大于 300mm，且框口每边至少有两个卡子。经检查玻璃无松动时，再沿裁口全长抹腻子，腻子应抹成斜坡，表面抹光滑。如框口玻璃采用压条固定时，则不抹底腻子，先将橡胶垫嵌入裁口内，装上玻璃，随即装压条用螺丝钉固定。

⑦斜天窗玻璃的安装：如设计没有要求时，应采用夹丝玻璃，并应从顺留方向盖叠安装。盖叠安装搭接长度应视天窗的坡度而定，当坡度为 1/4 或大于 1/4 时，搭接长度不小于 30mm；坡度小于 1/4 时，搭接长度不小于 50mm，盖叠处应用钢丝卡固定，并在缝隙中用密封膏嵌填密实。如果采用平板或浮法玻璃时，要在玻璃下面加设一层镀锌铅丝网。

⑧门窗安装彩色玻璃和压花：应按设计图案仔细裁割，拼缝必须吻合，不允许出现错位、松动和斜曲等缺陷。

⑨安装窗中玻璃：按开启方向确定定位垫块，宽度应小于玻璃的厚度，长度不宜小于 25mm，并应按设计要求。

⑩铝合金框扇安装玻璃：安装前，应清除铝合金框的槽口内所有灰渣、杂物等，畅通排水孔。在框口下边槽口放入橡胶垫块，以免玻璃直接与铝合金框接触。安装玻璃时，使玻璃在框口内准确就位，玻璃安装在凹槽内，内外侧间隙应相等，间隙宽度一般在 2～5mm。采用橡胶条固定玻璃时，先用 10mm 长的橡胶块断续地将玻璃挤住，再在胶条上注入密封胶，密封胶要连续注满在周边内，要注得均匀。

采用橡胶压条固定玻璃时，先将橡胶压嵌入玻璃两侧密封，容纳后将玻璃挤紧，上面不再注密封胶。橡胶压条长度不得短于所需嵌入长度，不得强行嵌入胶条。

⑪玻璃安装后，应进行清理，将腻子、钉子、钢丝卡及木压条等随即清理干净，关好门窗。

⑫冬期施工应在已经安装好玻璃的室内作业（即内门窗玻璃），温度应在正火温度以上；存放玻璃的库房中作业面的温度不能相差过大，玻璃如果从过冷或过热的环境中运入操作地点，应将预先裁割好的玻璃提前运入作业地点。外墙铝合金框扇玻璃不宜在冬季安装。

项目小结

1. 门按其开启方式通常有平开门、弹簧门、推拉门、折叠门、转门等。平开门是最常见的门。门洞的高宽尺寸应符合现行《建筑模数协调统一标准》。

2. 窗的开启方式有平开窗、固定窗、悬窗、推拉窗等。窗洞尺寸通常采用 3M 数列作为标志尺寸。

3. 平开门由门框、扇等组成。木门扇有镶板门和夹板门两种构造，平开窗由窗框、窗扇、五金及附件组成。

4. 塑钢门窗分为实腹式和空腹式两种，其中实腹式塑钢门窗抗腐蚀性优于空腹式。为便于使用、运输，塑钢门窗在工厂中制作成基本门窗单元，需要时用拼料组合成较大尺度的门窗。

5. 铝合金门窗和塑钢门窗以其优良的性能，得到广泛运用。

习题

1. 木门窗是如何安装的？
2. 塑钢门窗安装要注意什么？
3. 门窗安装质量如何控制？
4. 简述铝合金门窗的安装要点？
5. 平开窗的组成和门框的安装方式是什么？
6. 窗的形式有哪几种？各自的特点和适用范围是什么？

项目六 墙面装饰工程施工

 教学目标

1. 通过图片资料，对抹灰工程施工常用的机具有一个感性认识，为施工工艺的学习打下基础。

2. 通过建筑物不同部位抹灰工艺的介绍，使学生对完整施工过程有一个全面的认识。

3. 通过对施工工艺的深刻理解，使学生学会为达到施工质量要求正确选择材料和组织施工的方法，培养学生解决现场施工常见工程质量问题的能力。

4. 在掌握施工工艺的基础上学生能够领会工程质量验收标准。

 教学要求

能力目标	知识要点	权重	自测分数
熟悉墙面装饰施工机具、材料及选用	墙面工程常用机具及材料	10%	
能进行墙面施工组织指导	墙面施工工艺流程	20%	
	墙面施工操作要点	30%	
	墙面施工质量通病控制及防治	20%	
能对墙面工程进行质量验收	墙面工程质量验收标准	10%	
	墙面工程质量检验方法	10%	

 项目导读

生活中在墙面上进行各种饰面装饰，不仅提高了墙面的耐久性，也使墙面的使用功能与装饰美感有很大程度的改善。墙面装饰已成为建筑装饰工程中不可缺少的重要组成部分。

引例

2015 年四川宜宾某小区张先生购买 120m² 的三室两厅两卫一厨的房，在接房后进行装修完毕，张先生入住三个月后，发现起居室与卫生间共用的一面墙的墙纸边角突起。张先生以为是墙纸的裱糊不好，通知卖墙纸的材料商来看，发现是卫生间那边的水浸过来导致的，张先生通知建筑装饰公司，装饰公司的人到场后经过检查，确认是卫生间的防水未做好造成。装饰公司自己承诺对卫生间重新进行返工，一切由装饰公司承担。

案例小结

只有正确认识到建筑材料、施工工艺的缺点，才能采取有效的施工方案与防范措施，避免质量问题的发生。

任务 6.1　抹灰类饰面施工

抹灰是指将各种砂浆、装饰性水泥石子浆等涂抹在建筑物的墙面、地面、顶棚等表面上。抹灰工程是最为直接也是最初始的装饰工程。抹灰的施工顺序，一般应遵循"先室外后室内、先上面后下面、先顶棚后墙地"的原则。

6.1.1　抹灰工程分类与组成

6.1.1.1　抹灰工程分类

抹灰工程按使用的材料和装饰效果分为一般抹灰、装饰抹灰和特殊抹灰 3 种。

（1）一般抹灰

一般抹灰是指把抹灰材料涂抹在墙面或顶棚的做法，对房屋有找平、保护、隔热保温、装饰等作用。按《建筑装饰装修工程质量验收规范》的规定，一般抹灰分为普通抹灰、中级抹灰和高级抹灰 3 个级别。不同级别抹灰的适用范围、主要工序和外观质量要求见表 6 - 1。

表 6 - 1　　　　　　不同级别抹灰的适用范围、主要工序及外观质量要求

级别	适用范围	主要工序	外观质量要求
普通抹灰	适用于简易住宅、大型设施和非居住性房屋（库房、停车场等）以及建筑物中的地下室、储藏室等	一层底层和一层面层（或不分层，一次成形）。分层压平、修整，表面压光	表面接茬平整
中级抹灰	适用于一般居住、公共和工业建筑（如住宅、宿舍、办公楼、教学楼等）以及高级建筑物中的附属用房等	一层底层、一层中层和一层面层（或一层底层和一层面层）。阴阳角找方，设置标筋，分层擀平、修整，表面压光	表面洁净，线角顺直、清晰，接茬平整
高级抹灰	适用于大型公共建筑、纪念性建筑物（如电影院、礼堂、宾馆、展览馆和高级住宅等）以及有特殊要求的高级建筑等	一层底层、数层中层和一层面层。阴阳角找方，设置标筋，分层擀平、修整，表面压光	表面光滑、洁净，颜色均匀，线角顺直、清晰、美观，接茬平整且无抹纹

一般抹灰所用的材料有水泥砂浆、水泥混合砂浆、聚合物水泥砂浆、膨胀珍珠岩水泥砂浆、石灰砂浆、麻刀灰、纸筋灰、石膏灰等。

（2）装饰抹灰

装饰抹灰是指通过选用适当的抹灰材料及施工工艺等方面的改进，使抹灰面层具备

装饰效果而无须再做其他饰面。

装饰抹灰的底层和中层与一般抹灰相同，但面层材料有区别，装饰抹灰的面层材料主要有水泥石子浆、水泥色浆、聚合物水泥砂浆等。

（3）特殊抹灰

特殊抹灰是指为了满足某些特殊的要求（如保温、耐酸、防水等）而采用保温砂浆、耐酸砂浆、防水砂浆等进行的抹灰。

6.1.1.2 抹灰层的组成

一般抹灰工程施工是采用分层、分遍涂抹，以便黏结牢固，并能起到找平和保证质量的作用。为使抹灰层与建筑主体表面黏结牢固，防止开裂、空鼓和脱落等质量弊病的产生并使之表面平整，装饰工程中所采用的普通抹灰和高级抹灰均应分层操作，即将抹灰饰面分为底层、中层和面层三个构造层次，如图 6-1 所示。

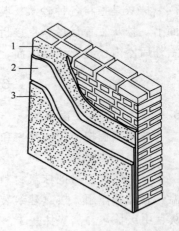

图 6-1 抹灰组成
1—底层 2—中层 3—面层

底层为黏结层，主要起增强抹灰层与基层结构的结合并初步找平的作用；中层为找平层，主要起找平的作用；面层为装饰层，主要起装饰和光洁作用。

抹灰层必须采用分层分遍涂抹，并应控制厚度。各遍抹灰的厚度，多是由基层材料、砂浆品种、工程部位、质量标准要求及施工气候条件等因素由设计确定，可参考表 6-2。抹灰层的平均总厚度见表 6-3，顶棚抹灰总厚度 15～18mm；内墙抹灰总厚度 18～25mm；外墙抹灰总厚度 <20mm；石墙抹灰总厚度 <35mm。

表 6-2 抹灰层每遍厚度

砂浆品种	每遍厚度/mm	砂浆品种	每遍厚度/mm
水泥砂浆	5～7	纸筋石灰浆和石膏灰浆（做面层擀平压实后）	≤2
石灰砂浆和水泥混合砂浆	7～9		
麻刀石灰浆（做面层擀平压实后）	≤3	装饰抹灰用砂浆	应符合设计要求

表 6-3 抹灰层的平均总厚度

施工部位或基体	抹灰层的平均总厚度/mm	施工部位或基体		抹灰层的平均总厚度/mm
顶棚、板条、空心砖、现浇混凝土	15	内墙	普通抹灰	20
			高级抹灰	25
预制混凝土	18	外墙		20
		勒脚及突出外墙面部分		25
金属网	20	石墙		35

注：当抹灰总厚度超过 35mm 时，应采取加强措施。

6.1.2　抹灰材料

抹灰工程所用材料主要有胶结材料（水泥、石灰、石膏）、骨料（砂、石料、彩色石粒、膨胀珍珠岩、膨胀蛭石）、纤维材料（麻刀、纸筋、草秸、玻璃纤维）、颜料（有机颜料、无机颜料）、化工材料（107胶、甲基硅醇钠、木质磺酸钙）。用量应根据施工图纸要求计算，并提出进场时间，按施工平面布置图的要求分类堆放，以便检验、选择和加工。

（1）水泥

宜采用普通水泥或硅酸盐水泥，也可采用矿渣水泥、火山灰水泥、粉煤灰水泥及复合水泥。水泥强度等级宜采用325级以上颜色一致、同一批号、同一品种、同一强度等级、同一厂家生产的产品。水泥进厂需对产品名称、代号、净含量、强度等级、生产许可证编号、生产地址、出厂编号、执行标准、日期等进行外观检查，同时验收合格证。

（2）砂

宜采用平均粒径为0.35~0.5mm的中砂，在使用前应根据使用要求过筛，筛好后保持洁净。

（3）磨细石灰粉

其细度过0.125mm的方孔筛，累计筛余量不大于13%，使用前用水浸泡使其充分熟化，熟化时间最少不小于3d。

浸泡方法：提前备好大容器，均匀地往容器中撒一层生石灰粉，浇一层水，然后再撒一层，再浇一层水，依次进行，当达到容器的2/3时，将容器内放满水，使之熟化。

（4）石灰膏

石灰膏与水调和后具有凝固时间快，并在空气中硬化，硬化时体积不收缩的特性。用块状生石灰淋制时，用筛网过滤，贮存在沉淀池中，使其充分熟化。熟化时间常温一般不少于15d，用于罩面灰时不少于30d，使用时石灰膏内不得含有未熟化的颗粒和其他杂质。在沉淀池中的石灰膏要加以保护，防止其干燥、冻结和污染。

（5）纸筋

采用白纸筋或草纸筋施工时，使用前要用水浸透（时间不少于3周），并将其捣烂成糊状，并要求洁净、细腻。用于罩面时宜用机械碾磨细腻，也可制成纸浆。要求稻草、麦秆应坚韧、干燥、不含杂质，其长度不得大于30mm，稻草、麦秆应经石灰浆浸泡处理。

（6）麻刀

麻刀必须柔韧干燥，不含杂质。行缝长度一般为10-30mm，用前4-5d敲打松散并用石灰膏调好，也可采用合成纤维。

6.1.3　抹灰常用的机具

抹灰工程的常用机具包括麻刀机、砂浆搅拌机、纸筋灰拌和机、窄手推车、铁锹、筛子、水桶（大小）、灰槽、灰勺、刮杠（大2.5m，中1.5m）、靠尺板（2m）、线坠、钢卷尺、方尺、托灰板、铁抹子、木抹子、塑料抹子、八字靠尺、方口尺、阴阳角抹子、长舌铁抹子、金属水平尺、持角器、软水管、长毛刷、鸡腿刷、钢丝刷、茅草帚、喷壶、小线、钻子（尖、扁）、粉线袋、铁锤、钳子、钉子、托线板等。常用抹灰工具如图 6－2 所示。

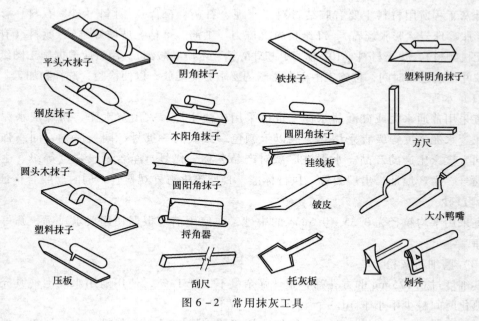

图 6－2　常用抹灰工具

6.1.4　作业条件及基层处理

（1）作业条件

①主体结构必须经过相关单位（建筑单位、施工单位、质量监理、设计单位）检验合格。

②抹灰前应检查门窗框安装位置是否正确，需埋设的接线盒、电箱、管线、管道套管是否固定牢固。抹灰前填充及线盒修整如图 6－3 所示。

连接处缝隙应用 1:3 水泥砂浆或 1:1:6 水泥混合砂浆分层嵌塞密实，若缝隙较大时，应在砂浆中掺少量麻刀灰嵌塞，将其填塞密实，并用塑料贴膜或铁皮将门窗框加以保护。

图 6－3　抹灰前填充及线盒修整

③将混凝土过梁、梁垫、圈梁、混凝土柱、梁等表面凸出部分剔平，将蜂窝、麻面、露筋、疏松部分剔到实处，并刷黏性素水泥浆或界面剂。然后用 1:3 的水泥砂浆分层抹平。脚手眼和废弃的孔洞应堵严，外露钢筋头、铅丝头及木头等要剔除，窗台砖补齐，墙与楼板、梁底等交接处应用斜砖砌严补齐。

④配电箱（柜）、消火栓（柜）以及卧在墙内的

图 6－4　墙面线槽修补外挂钢丝网

箱（柜）等背面露明部分应加钉钢丝网固定好（图6－4），涂刷一层胶黏性素水泥浆或界面剂，钢丝网与最小边搭接尺寸不应小于10cm。窗帘盒、通风篦子、吊柜、吊扇等埋件应牢固，螺栓位置、标高应准确，且防腐、防锈工作完毕。

⑤对抹灰基层面的油渍、灰尘、污垢等应清除干净，对抹灰墙面应提前浇水，均匀湿透。

⑥抹灰前屋面防水及上一层地面最好已完成，如没完成防水及上一层地面需进行抹灰时，必须有防水措施。

⑦抹灰前应熟悉图纸、设计说明及其他设计文件，制定方案，做好样板间，经检验达到要求标准后方可正式施工。

⑧抹灰前应先搭好脚手架或准备好高马凳，架子应离开墙面20～25cm，便于操作。

（2）基层处理

砖石、混凝土等基体的表面，应将灰尘、污垢和油渍等清除干净，并洒水湿润。对于平整光滑的混凝土表面，如果设计中无要求时，可不进行抹灰，用刮腻子的方法处理。如果设计要求抹灰时，必须凿毛处理后，才能进行抹灰施工。木结构与砖结构或混凝土结构相接处的抹灰基层，应铺设金属网，搭接宽度从缝边起每边应不小于100mm，然后再进行抹灰。预制钢筋混凝土楼板顶棚，抹灰前应剔除灌缝混凝土凸出部分及杂物，然后用刷子蘸水把表面残渣和浮灰清理干净，刷掺水10%的108胶水泥浆一道，再用1:0.3:3的水泥混合砂浆勾缝。

墙上的脚手眼、管道穿越的墙洞和楼板洞应填嵌密实，散热器和密集管道等背后的墙面抹灰，宜在散热器和管道安装前进行。

门窗框与墙连接处缝隙应填嵌密实，可采用1:3的水泥砂浆或1:1:6的水泥混合砂浆分层嵌塞。

（3）浇水湿润

①目的：使砂浆与基体表面黏结牢固。

因为基体太干吸收水分过快，易使抹灰砂浆脱水急干，出现空鼓、裂缝、脱落等质量问题。浇水湿润使抹灰与基体黏结牢固，也可以将基层粗糙化处理。

②方法：将水管对着砖墙上部缓慢左右移动喷水。

6.1.5　抹灰基本操作

6.1.5.1　内墙一般抹灰

室内墙面抹灰，包括在混凝土、砖砌体、加气混凝土砌块等墙面上抹灰。

（1）施工流程

基层处理→弹线、找规矩、套方→做灰饼、标筋→做护角→抹灰→抹面层灰

（2）施工要点

①基层处理：基层处理是抹灰工程的第一道工序，也是影响抹灰工程质量的关键，目的是增强基体与底层砂浆的黏结，消除空鼓、裂缝和脱落等质量隐患，因此要求基层表面应剔平凸出部位，光滑部位凿毛，残渣污垢、隔离剂等应清理干净。不同基体应符合下列规定：

砖砌体应清除表面杂物、尘土，抹灰前应洒水湿润。其目的是为了避免抹灰层过早脱水，影响强度，产生空鼓。

混凝土表面应凿毛，或在表面洒水润湿后涂刷 1∶1 水泥砂浆（加适量胶黏剂）。

加气混凝土应在湿润后边刷界面剂边抹强度不大于 M5 的水泥混合砂浆。

②弹线、找规矩、套方：即四角找方、横线找平、竖线吊直，弹出顶棚、墙裙及踢脚板线。根据设计，如果墙面另有造型时，按图纸要求实测弹线或画线标出。

找规矩的方法是先用托线板全面检查砖墙表面的垂直平整程度，根据检查的实际情况并依据抹灰的总平均厚度，来决定墙面抹灰的厚度。

③做灰饼、标筋：抹灰操作应保证其平整度和垂直度。大面积施工中常用的手段是做灰饼和标筋，如图 6-5 所示。较大面积墙面抹灰时，为了控制设计要求的抹灰层平均总厚度尺寸，先在上方距顶棚与墙角 10~20cm 处做灰饼即标志块（可采用底层抹灰砂浆），大致呈 5cm 左右见方（厚度为抹灰厚度）。并在门窗洞口等部位加做灰饼，灰饼的厚度以使抹灰层达到平均总厚度（宜为基层至中层砂浆表面厚度尺寸而留出抹面厚度）为目的，并确保抹灰面最终的平整、垂直所需的厚度尺寸为准。然后以上部做好的灰饼为准，按间距 1.2~1.5m，加做若干灰饼并用线锤吊线做墙下角的灰饼（通常设置于踢脚线上口）。灰饼收水（七八成干）后，在各排上下灰饼之间做砂浆标志带，称为标筋或冲筋，采用的砂浆与灰饼相同，宽度为 100mm 左右，分 2~3 遍完成并略高出灰饼，然后用刮杠（传统的刮杠为木杠，目前多以较轻便而不易变形的铝合金方通杆件取代）将其搓抹至与灰饼齐平，同时将标筋的两侧修成斜面，以使其与抹灰层接茬密切、顺平。标筋的另一种做法是采用横向水平标筋，较有利于控制大面与门窗洞口在抹灰过程中保持平整。

  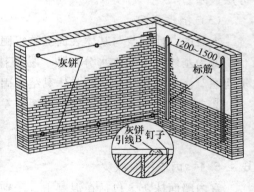

图 6-5　墙面做灰饼、标筋

特别提示

做灰饼是在墙面的一定位置上抹上砂浆团，以控制抹灰层的平整度、垂直度和厚度。标筋（也称冲筋）是在上下灰饼之间抹上砂浆带，同样起控制抹灰层平整度和垂直度的作用。

④做护角：为防止门窗洞口及墙（柱）面阳角部位的抹灰饰面在使用中被碰撞损坏，应采用1:2水泥砂浆抹制暗护角，以增加阳角部位抹灰层的硬度和强度。墙面做护角步骤如图6-6所示。护角部位的高度不应低于2m，每侧宽度不应小于50mm。以标筋厚度为准，在地面划好准线，根据抹灰层厚度粘稳靠尺板并用托线板吊垂直。在靠尺板的另一边墙角分层抹护角的水泥砂浆，其外角与靠尺板外口平齐；一侧抹好后把靠尺板移到该侧用卡子稳住，并吊垂线调直靠尺板，将护角另一面水泥砂浆分层抹好；然后轻手取下靠尺板。待护角的棱角略收水后，用阳角抹子和素水泥浆抹出小圆角。最后在阳角两侧分别留出护角宽度尺寸，将多余的砂浆以45°斜面切掉。对于特殊用途房间的墙（柱）阳角部位，其护角可按设计要求在抹灰层中埋设金属护角线。高级抹灰的阳角处理，也可在抹灰面层镶贴硬质PVC特制装饰护角条。

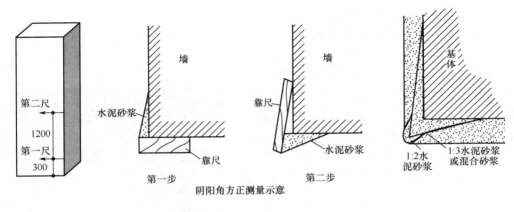

图6-6　墙面做护角步骤

⑤阴阳角抹灰：用阴阳角方尺检查阴阳角的直角度，并检查垂直度，然后确定抹灰厚度，浇水湿润。

用木制阴角器和阳角器分别进行阴阳角处抹灰，先抹底层灰，使其基本达到直角，再抹中层灰，使阴阳角方正。阴阳角的处理如图6-7所示。

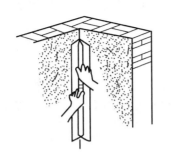

图6-7　阴阳角处理

⑥底、中层抹灰：在标筋及阳角的护角条做好后，即可进行底层和中层抹灰。将底层和中层砂浆批抹于墙面标筋之间。底层抹灰七八成干（用手指按压有指印但不软）时

即可抹中层灰,厚度略高出标筋,然后用刮杠按标筋整体刮平。待中层抹灰面全部刮平时,再用木抹子搓抹一遍,使表面密实、平整。墙面抹底中层如图6-8所示。

墙面的阴角部位,先用方尺上下核对方正,然后用阴角抹具(阴角抹子及带垂球的阴角尺)抹直、接平。

特别提示

如果标筋强度小,进行底、中层抹灰刮平时,容易将标筋刮坏产生凹凸现象,不利于找平;如果标筋强度过高时进行底、中层抹灰刮平,会出现标筋高于墙面现象而产生抹灰不平等质量通病。

图6-8　墙面抹底、中层

⑦抹面层灰:在中层砂浆凝结之前(七八成干)可抹面层灰。先在中层灰上洒水,然后将面层砂浆分遍均匀抹涂上去,一般也应按从上而下、从左向右的顺序。抹满后用铁抹子分遍压实、压光,面层抹灰必须保证平整、光洁、无裂痕。面层抹实、压光如图6-9所示。

特别提示

冬季施工,抹灰的作业面温度不宜低于5℃;抹灰层初凝前不得受冻;用石灰砂浆抹灰时,应待前一抹灰层七八成干后方可抹后一层;底层的抹灰层强度

图6-9　面层抹实、压光

不得低于面层的抹灰层强度。当抹灰总厚度等于或大于35mm时,应采取加强措施。水泥砂浆拌好后,应在初凝前用完,凡结硬砂浆不得继续使用。水泥砂浆抹灰层应在抹灰24h后进行养护。抹灰层在凝结前,应防止快干、水冲、撞击和震动。

6.1.5.2　外墙面一般抹灰

①检查与交接:外墙抹灰工程施工前,应先安装钢木门窗框、护栏等,并应将结构施工时的残留孔洞填充密实;应检查门窗框、阳台栏杆以及各种后续工程预埋件等的安装位置和质量。

②基体及基层处理:同内墙抹灰。

③找规矩、做灰饼、标筋:建筑外墙面抹灰同内墙抹灰一样要设置标筋,但因为外墙面自地坪到檐口的整体抹灰面过大,门窗、雨篷、阳台、明柱、腰线、勒脚等都要横平竖直,而抹灰操作必须是自上而下逐一进行。

④贴分隔条:外墙大面积抹灰饰面,为避免罩面砂浆收缩后产生裂缝等不良效果,

一般均设计有分隔缝，分隔缝同时具有美观的作用。为使分隔缝平直规矩，抹灰施工时应粘贴分隔条。

在底灰抹完之后要用刮尺搋平，然后根据图纸弹线分隔，按已弹好的水平线和分隔尺寸弹好分隔线，水平方向的分隔条宜粘贴在水平线下边（如设计有竖向分隔线时，其分隔条可粘贴于垂直弹线的左侧）。粘贴时，分隔条两侧用水泥浆嵌固稳定，其灰浆两侧抹成斜面。当天抹面即可起出的分隔条，其两侧灰浆斜面可抹成 45°；当天不进行面层抹灰的分隔条，其两侧灰浆斜面应抹得陡一些，呈 60°角为宜（图 6 – 10）。

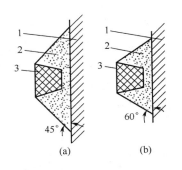

图 6 – 10　分隔条处理
（a）45°　（b）60°
1—基体　2—水泥浆　3—分隔条

⑤抹灰：就一般底、中层抹灰而言，混凝土墙面可先涂刷一道胶黏性素水泥浆，然后用 1∶3 水泥砂浆分层抹至与标筋相平，再用木杠刮平、木抹子搓毛或划纹。当设计要求砖砌体采用水泥混合砂浆时，其配合比一般为水泥∶石灰∶砂 = 1∶1∶6（面层可采用 1∶0.5∶3）。

其底层砂浆要注意充分压入墙面灰缝；应待底层砂浆具有一定强度后再抹中层，大面刮平，并用木抹子抹平、压实、扫毛。

⑥面层抹灰时可先薄刷一遍水泥砂浆，抹第二遍砂浆时与分隔条齐平，刮平、搓实、压光，再用刷子蘸水按统一方向轻刷一遍，以达到颜色一致并同时刷净分隔条上的砂浆；起出分隔条，随即用水泥浆勾好分隔缝。水泥砂浆抹灰完成 24h 后开始养护，宜洒水养护 7d 以上。

6.1.5.3　一般抹灰质量问题及预防措施

（1）墙面空鼓、裂缝

主要原因：

①基层处理不好，清扫不净，浇水不匀、不足。

②不同材料交接处未设加强网或加强网搭接宽度过小。

③原材料质量不符合要求，砂浆配比不当。

④墙面脚手架眼填塞不当。

⑤底层抹灰过厚，各层之间间隔时间太短。

⑥养护不到位，尤其在夏季施工时。

预防措施：

①基层应按规定处理好，浇水应充分、均匀。

②按要求设置并固定好加强网。

③严格控制原材料质量，严格按配比配合和搅拌砂浆。

④认真填塞墙面脚手架眼。

⑤严格分层操作并控制好各层厚度，各层之间的时间间隔应充足。

⑥加强对抹灰层的养护工作。

（2）窗台、阳台等处抹灰的水平与垂直方向不一致主要原因：

①结构施工时，现浇混凝土或构件安装的偏差过大，抹灰时不易纠正。

②抹灰前上下左右未拉水平和垂直通线，施工误差较大。

预防措施：

①在结构施工阶段应尽量保证结构或构件的形状、位置正确，减少偏差。

②安装窗框时应找出各自的中心线以及拉好水平通线，保证安装位置的准确。

③抹灰前应在窗台、阳台、雨篷、柱垛等处拉水平和垂直方向的通线找平找正，每步均要做灰饼。

6.1.6　装饰抹灰

装饰抹灰是指利用材料特点和工艺处理，使抹灰面具有不同的质感、纹理及色泽效果的抹灰类型和施工方式。主要包括水刷石、斩假石、干粘石和假面砖等任务，如若处理得当并精工细作，其抹灰层既能保持与一般抹灰的相同功能，又可取得独特的装饰艺术效果。

根据当前国内建筑装饰装修的实际情况，国家标准业已删除了传统装饰抹灰工程的拉毛灰、洒毛灰、喷砂、喷涂、彩色抹灰和仿石等任务，它们的装饰效果可以由涂料涂饰以及新型装饰制品等所取代。对于较大规模的饰面工程，应综合考虑其用工用料和节能、环保等经济效益与社会效益等多方面的重要因素，例如水刷石，由于其浪费水资源并对环境有污染，也应尽量减少使用。

6.1.6.1　装饰抹灰施工的一般要求

装饰抹灰工程施工的检查和交接、基体和基层处理等与一般抹灰的要求基本相同，针对装饰抹灰的一些特殊之处，应注意以下要点。

（1）材料

①装饰抹灰所采用的材料，必须符合设计要求并经验收和试验确定合格方可使用。

②同一墙面或设计要求为同一装饰组成范围的砂浆（色浆），应使用同一产地、品种、批号，并采用同一配合比、同一搅拌设备及专人操作，保证色泽一致。

（2）基层

①抹灰前基层表面的尘土、污垢、油渍等应清除干净，并应洒水湿润。

②装饰抹灰面层应做在已经硬化、较为粗糙并平整的中层砂浆面上；面层施工前须检查中层抹灰的施工质量，经验收合格后洒水湿润。

（3）分隔缝及施工缝

①装饰抹灰面层有分隔要求时，分隔条应宽窄厚薄一致，粘贴在中层砂浆上应横平竖直、交接严密，完工后应适时全部取出。

②装饰抹灰面层的施工缝，应留在分隔缝、墙面阴角、落水管背后或是独立装饰组成部分的边缘处。

（4）施工分段与抹灰厚度

①对于高层建筑的外墙装饰抹灰，应根据建筑物实际情况，可划分若干施工段，其垂直度可用经纬仪控制，水平通线可按常规做法。

②由于材料特点，装饰抹灰饰面的总厚度通常要大于一般抹灰，当抹灰总厚度 ≥ 35mm 时，应按设计要求采取加强措施（包括不同材料基体交接处的防开裂加强措施）。当采用加强网时，加强网与各基体的搭接宽度不应小于 100mm。

6.1.6.2 装饰抹灰分类

（1）假面砖装饰抹灰

假面砖装饰抹灰是指采用彩色砂浆和相应的工艺处理，将抹灰面抹制成陶瓷饰面砖分块形式及其表面效果的装饰抹灰做法。

①彩色砂浆配制：按设计要求的饰面色调配制数种做出样板，以确定标准配合比。

②操作工具及其应用：主要有靠尺板（上面划出面砖分块尺寸的刻度）以及划缝工具（图 6 - 11），如铁皮刨、铁钩、铁梳子或铁辊之类。用铁皮刨或铁钩划制模仿饰面砖墙面的宽缝效果；以铁梳子或铁辊划出或滚压出饰面砖的密缝效果。

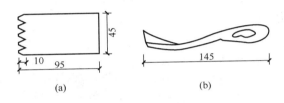

图 6 - 11 假面砖抹灰工具

（a）铁梳子 （b）铁皮刨

③假面砖施工：底、中层抹灰采用 1:3 水泥砂浆，表面达到平整并保持粗糙，凝结硬化后洒水湿润，即可进行弹线。先弹宽缝线，用以控制面层划沟（面砖凹缝）的顺直度。然后抹 1:1 水泥砂浆垫层，厚度 3mm；接着抹面层彩色砂浆，厚度 3~4mm。

面层彩色砂浆略收水后，即用铁梳子沿靠尺板划纹，纹深 1mm 左右，划纹方向与宽缝纹相垂直，作为假面砖密缝（图 6 - 12）；然后用铁皮刨或铁钩沿靠尺板划沟（也可采用铁辊进行滚压划纹），纹路凹入深度以露出垫层为准，随手扫净飞边砂粒。

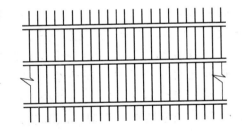

图 6 - 12 假面砖抹灰示意图

（2）水刷石装饰抹灰

①底、中层抹灰：对不同基体的基层处理和底、中层抹灰材料配比等，应按设计规定。一般多采用 1:3 水泥砂浆进行底、中层抹灰，总厚度约为 12mm。

②水刷石面层施工：待中层砂浆凝结硬化后，按设计要求弹分隔线并粘贴分隔条，然后根据中层抹灰的干燥程度适当洒水湿润，用铁抹子满刮水灰比为 0.37~0.40（内掺适量的胶黏剂）的聚合物水泥浆一道，随即抹面层水泥石粒浆。

面层水泥石粒浆的抹灰厚度，通常是根据所用石粒的粒径确定的，一般为石粒粒径的 2.5 倍。水泥石粒浆（或水泥石灰膏石粒浆）的稠度应为 5~7cm，要用铁抹子一次抹平，随抹随揉平、压紧，但也不宜把石粒压得过于紧固。每一个分格内均应从下边抹起，每抹完一格即用直尺检查其平整度，凹凸处应及时修理并将露出平面的石粒轻轻拍平。

③修整：罩面水泥石粒浆层稍干无水光时，先用铁抹子抹一遍，将小孔洞压实、挤严。然后用软毛刷蘸水刷去表面灰浆，并用抹子轻轻拍平石粒，再刷一遍并再次拍压，如此将水刷石面层分遍拍平、压实，使石粒较为紧密且均匀分布。

④喷水冲刷：冲水是确保水刷石饰面质量的重要环节之一，如冲洗不净会使水刷石表面色泽晦暗或明暗不一。当罩面层凝结（表面略有发黑，手感稍有柔软但不显指痕），用刷子刷扫石粒不掉时，即可开始喷水冲刷。喷刷分两遍进行，第一遍先用软毛刷蘸水刷掉面层水泥浆露出石粒；第二遍随即用喷浆机或喷雾器将四周相邻部位喷湿，然后由上往下顺序喷水。喷射要均匀，喷头距墙面 $100 \sim 200mm$，将面层表面及石粒间的水泥浆冲出，使石粒露出表面 $1/3 \sim 1/2$ 粒径，达到清晰可见。冲刷时要做好排水工作，使水不会直接顺墙面流下。

喷刷完成后即可取出分隔条，刷光理净分隔缝，并用水泥浆勾缝。勾缝后 24h 洒水养护，养护时间不宜少于 7d。

（3）干粘石装饰抹灰

干粘石是将彩色石粒直接粘在砂浆层上的一种装饰抹灰做法。干粘石通过采用彩色和黑白石粒掺合作骨料，使抹灰饰面具有天然石料质地朴实、凝重或色彩优雅的特点。干粘石的石粒，也可用彩色瓷粒及石屑所取代，使装饰抹灰饰面更趋丰富，如图 6 – 13 所示。

图 6 – 13　干粘石示意图

①干粘石的手工操作：

a. 底、中层抹灰：可采用 1:3 水泥砂浆抹底层和中层灰，总厚度 $10 \sim 14mm$，抹灰表面保持平整、粗糙，并注意养护。

b. 抹黏结层砂浆：根据中层抹灰的干燥程度洒水湿润，刷水泥浆结合层一道（水灰比 $0.40 \sim 0.50$）。按设计要求弹线分隔，用水泥浆粘贴分隔条，干粘石抹灰饰面的分隔缝宽度一般不小于 20mm；小面积抹灰只起线型装饰作用时，其缝宽尺寸可适当略减。

黏结层砂浆可采用聚合物水泥砂浆，其稠度不大于8cm，铺抹厚度根据所用石粒的粒径而定，一般为 $4 \sim 6mm$。要求涂抹平整，不显抹痕；按分格大小，一次抹一格或数格，避免在格内留茬。

c. 甩粘石粒与拍压平整：待黏结层砂浆干湿适宜时，即进行甩粘石粒。一手拿盛料盘，内盛洗净晾干的石粒（干粘石多采用小八厘石渣，过 4mm 筛去除粉末杂质），一手持木拍，用拍铲起石粒反手往墙面黏结层砂浆上甩。甩射面要大，平稳有力。先甩粘四周易干部位，后甩粘中部，要使石粒均匀地嵌入黏结层砂浆中。如发现石粒分布不匀或过于稀疏，可以用手及抹子直接补粘。

在黏结砂浆表面均匀地粘嵌上一层石粒后，用抹子或橡胶滚轻手拍压一遍，使石粒埋入砂浆的深度不小于 1/2 粒径，拍压后石粒应平整坚实。等候 10~15min，待灰浆稍干时，再做第二次拍平，用力稍强，但仍以轻力拍压和不挤出灰浆为宜。如有石粒下坠、不均匀、外露尖角太多或面层不平等不合格现象，应再一次补粘石粒和拍压。但应注意，粘石操作不要超过 45min，即在水泥初凝前结束。

d. 起分隔条及勾缝：干粘石饰面达到表面平整、石粒饱满时，即可起出分隔条，起分隔条时不要碰动石粒。取出分隔条后，随手清理分隔缝并用水泥浆予以勾抹修整，使分隔缝达到顺直、清晰、宽窄一致。

②干粘石的机喷施工：机喷干粘石是指采用压缩空气将石粒喷在墙面尚未硬化的水泥浆黏结层上，成为干粘石抹灰饰面。与手工甩石相比，机喷石的施工效率高，但其黏结分布密度相对较低，有时会出现透底，应及时用手工配合进行补粘处理。

a. 机具设备：主要有喷斗、空气压缩机（排气量 0.6m³/min，工作压力 0.6~0.8MPa），一台空气压缩机可带两个喷石料斗。喷气输送管采用内径为 8mm 的乙炔胶管。其他还有装石料容器、橡胶滚和接石粒的盛料盘等。

b. 机喷石粒：在墙面基层处理、洒水湿润、设置标筋、抹 1:3 水泥砂浆底中层灰等工序完成后，按设计要求的分隔尺寸弹分隔线，按线粘贴浸水湿透的布条，用布条分出区格，再按区格满刮水灰比为 0.37~0.40 的水泥浆一道，接着抹聚合物砂浆（材料配合比由设计确定）黏结层，厚度为 4~5mm。为了延缓黏结砂浆的凝结时间，以满足喷粘石粒的操作，可以在砂浆中掺入水泥重量 0.3% 的木质素磺酸钙。

黏结砂浆抹完一个格区，即可喷射石粒。一人手持喷斗，一人负责装料，先喷格区的边角部位，后喷大面。喷大面时应自下而上进行，以避免砂浆流坠。喷斗要垂直于墙面，喷嘴距离墙面宜为 15~25cm。喷完石粒待砂浆略收水，用橡胶滚自上而下滚压一遍，滚压着力要轻，不要将灰浆挤出表面石粒层。

c. 勾分隔缝：相邻格区滚压完成后即可揭掉分隔布条，应修整好分隔缝，取出黏结不良的石渣飞粒，用水泥浆勾好分隔缝，做到横平竖直、宽窄一致。

（4）斩假石装饰抹灰

斩假石又称剁斧石，是在水泥砂浆抹灰中层上抹水泥石粒浆，待其硬化后用剁斧、齿斧及钢凿等工具剁出有规律的纹路，使之具有类似经过雕琢的天然石材的表面形态，即为斩假石（錾假石）装饰抹灰饰面。所用施工工具除一般抹灰常用工具外，尚需备有剁斧（斩斧）、单刃或多刃斧、花锤（棱点锤）、钢凿和尖锥等。

①面层抹灰：

a. 抹底、中层砂浆：在基层处理之后即抹底、中层灰，一般多采用 1:2 水泥砂浆，两层厚度为 10~14mm。施工时注意各抹灰层表面的划毛，以保证整体结合的质量。涂抹面层砂浆前要洒水湿润已凝结的中层抹灰，并满刮水灰比为 0.37~0.40 的水泥浆（可掺入适量胶黏剂）一道，按设计要求分隔弹线、粘贴分隔条。

b. 抹面层：面层采用 1:1.25 的水泥石粒（屑）浆，铺抹厚度为 10~11mm。石粒为 2mm 左右粒径的米粒石，内掺 30% 粒径为 0.15~1.0mm 的石屑。材料应统一准备，干拌均匀后待用。

罩面操作一般分两次进行。先薄抹一层灰浆，稍收水后再抹一遍灰浆，与分隔条齐平；用刮尺赶平，然后再用木抹子反复压实，使得表面平整、阴阳角方正；最后用软毛刷顺拟剁纹方向轻扫一遍。面层抹灰完成后24h进行养护，常温（15～30℃）养护2～3d，较低气温时（5～15℃）宜养护4～5d，其强度控制在5MPa，即水泥强度尚不大，以较容易斩剁而石粒又剁不掉的程度为宜。

②斩剁操作：要先弹纹路线（线距约为100mm），以避免操作中剁纹走斜。斩剁时应保持表面湿润，以防止石屑爆裂。斩假石的质感效果有立纹剁斧、花锤剁斧等，由设计确定。为便于操作并增强装饰性，棱角和分隔缝周圈宜留设15～20mm宽度的镜边。镜边也可与天然石材的处理方式相同，改为横向剁纹。墙面或造型体的阳角处，应采用横剁，并应留出宽窄一致的不剁的镜边。

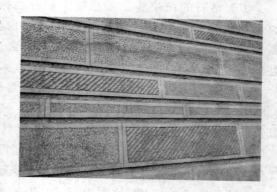

图6-14　斩假石抹灰示意图

应先试剁，以石粒不脱落为准。斩假石操作应自上而下进行，先斩转角和四周边缘，后斩中部饰面，如图6-14所示。斩剁时动作要快并轻重均匀，剁纹深浅一致。每一行随时取出分隔条，用水泥浆修整好分隔缝。

（5）拉假石

"拉假石"为斩假石装饰抹灰纹路效果的一种简易做法，面层灰浆可采用1∶2.5的水泥石英砂（或白云石屑）浆，抹8～10mm厚，收水后用木抹子搓平，然后压实、压光。抹灰层终凝后，用抓耙（可用废锯条制作）依着靠尺板按同一方向耙拉，在抹灰层表面划出清晰的纹理（石材细琢面）效果。

6.1.7　抹灰质量标准与通病防治

（1）抹灰工程验收时应检查的文件和记录

①抹灰工程施工图、设计说明及其他设计文件。

②材料的产品合格证书、性能检测报告、进场验收记录和复验报告。

③隐蔽工程验收记录。

④施工记录。

（2）检查数量

①室内每个检验批应至少抽查10%，并不得少于3间；不足3间应全数检查。

②室外每个检验批每100m²应至少抽查一处，每处不得少于10m²。

（3）一般抹灰工程质量要求

一般抹灰工程分普通抹灰和高级抹灰，当设计无要求时，按普通抹灰验收。

①主控任务：抹灰前基层表面的尘土、污垢、油渍等应清除干净，并应洒水湿润。所用材料的品种和性能应符合设计要求。

抹灰工程应分层进行。抹灰层与基层之间及各抹灰层之间必须黏结牢固，抹灰层应无脱落、空鼓，面层应无爆灰和裂缝。

②一般任务：护角、孔洞、槽、盒周围的抹灰表面应整齐、光滑，管道后面的抹灰表面应平整。

抹灰层的总厚度应符合设计要求；水泥砂浆不得抹在石灰砂浆上；罩面石膏灰不得抹在水泥砂浆上。

抹灰分隔缝的设置应符合设计要求，宽度和深度应均匀，表面应光滑，棱角应整齐。有排水要求的部位应做滴水线（槽）。

一般抹灰工程质量的允许偏差和检验方法应符合表6-4的规定。

表6-4　　　　　　　　　　　　一般抹灰的允许偏差和检验方法

项次	任务	允许偏差/mm		检验方法
		普通抹灰	高级抹灰	
1	立面垂直度	4	3	用2m垂直检测尺检
2	表面平整度	4	3	用2m靠尺和塞尺检查
3	阴阳角方正	4	3	用直角检测尺检查
4	分隔条（缝）直线度	4	3	拉5m线，不足5m拉通线，用钢直尺检查
5	墙裙、勒脚上口直线度	4	3	拉5m线，不足5m拉通线，用钢直尺检查

（4）装饰抹灰工程

①主控任务：同一般抹灰工程。

②一般任务：

a. 装饰抹灰工程的表面质量应符合下列规定：

水刷石表面应石粒清晰、分布均匀、紧密平整、色泽一致，应无掉粒和接茬痕迹。

斩假石表面剁纹应均匀顺直、深浅一致，应无漏剁处；阳角处应横剁并留出宽窄一致的不剁边条，棱角应无损坏。

干粘石表面应色泽一致，不漏浆、不漏粘，石粒应黏结牢固、分布均匀，阳角处应无明显黑边。

假面砖表面应平整、沟纹清晰、留缝整齐、色泽一致，应无掉角、脱皮、起砂等缺陷。

b. 装饰抹灰分隔条（缝）的设置应符合设计要求，宽度和深度应均匀，表面应平整光滑，棱角应整齐。

c. 有排水要求的部位应做成滴水线（槽），滴水线（槽）应整齐顺直，滴水线应内高外低，滴水槽的宽度和深度均不应小于10mm。

d. 装饰抹灰工程质量的允许偏差和检验方法应符合表6-5的规定。

表 6 – 5　　　　　　　　　　　　　　　装饰抹灰的允许偏差和检验方法

项次	任务	允许偏差/mm				检验方法
		水刷石	斩假石	干粘石	假面砖	
1	立面垂直度	5	4	5	5	用2m垂直检测尺检
2	表面平整度	3	3	5	4	用2m靠尺和塞尺检查
3	阴阳角方正	3	3	4	4	用直角检测尺检查
4	分隔条（缝）直线度	3	3	3	3	拉5m线，不足5m拉通线，用钢直尺检查
5	墙裙、勒脚上口直线度	3	3	—	—	拉5m线，不足5m拉通线，用钢直尺检查

抹灰工程实训

1. 实训目的和要求

通过实践操作，使学生了解抹灰工程工艺和主要设备设施，能依据结构施工图进行抹灰的配料计算和加工，掌握抹灰工程的施工规范、操作要点与做法等。

通过技能操作实训，使学生对抹灰工程从了解、掌握到熟练，逐步达到初级技术等级标准。学会为达到施工质量要求正确选择材料和组织施工的方法，能够正确应用工程质量验收标准，培养解决现场施工常见工程质量问题的能力。

实训项目：3~4人一组完成$8m^2$的墙面抹灰工程。

实训地点：校内施工实训基地。

实训期间学生应听从实训指导教师统一安排，在实训指导教师的安排下按时完成实训课题。

2. 施工准备

（1）材料准备

①水泥：宜采用普通水泥或硅酸盐水泥，也可采用矿渣水泥、火山灰水泥、粉煤灰水泥及复合水泥。水泥强度等级宜采用325级以上、颜色一致、同一批号、同一品种、同一强度等级、同一厂家生产的产品。水泥进厂需对产品名称、代号、净含量、强度等级、生产许可证编号、生产地址、出厂编号、执行标准、日期等进行外观检查，同时验收合格证。

②砂：宜采用平均粒径为0.35~0.5mm的中砂，在使用前应根据使用要求过筛，筛好后保持洁净。

（2）抹灰工具的认识

①铁抹子：用于抹底灰以及各种抹灰的压光。

②木抹子：砂浆表面搓平。

③塑料抹子：压光纤维灰浆罩面层。

④阴角抹子：墙体、构件阴角抹灰压光。

⑤阳角抹子：墙体、构件阳角抹灰压光。

⑥刮尺：标筋，抹灰刮平。

⑦灰铲：拌制砂浆。

⑧灰盆：存放砂浆。

⑨灰桶：盛水或砂浆。

⑩线锤：吊垂直基准线。

⑪塞尺：测定抹灰垂直度平整度。

⑫靠尺：与塞尺配合使用。

⑬卷尺：量测墙体、构件尺寸。

⑭托灰板：抹灰时承托砂浆。

⑮准线：挂线。

3. 抹灰砂浆的配制、质量要求

抹灰砂浆的材料品种、比例是根据设计要求明确的。施工时应按比例进行有序的拌和。质量要求：主要是指稠度等符合设计要求，比例要准确。

4. 室内墙面抹灰施工工艺及操作要点

（1）工艺流程

基层处理→墙面浇水→找规矩、抹灰饼→做标筋→抹底灰→阴阳角找方→抹罩面灰

（2）操作要点

①基层处理、墙面浇水：墙面凹凸太多的部位应予剔平或用 1:3 水泥砂浆补平，表面太光滑的要凿毛，或用 1:1 水泥砂浆掺加 107 胶抹一薄层。清除表面污垢、油漆，晒水湿润。脚手孔要堵塞严实。不同基层材料相接处铺设金属网，衔接宽度不得小于 10cm。

②找规矩、抹灰饼：做灰饼（标志块）。用靠尺板全面检查墙面平整度、垂直度，找出抹灰的最薄点并根据规范保证最薄点有 7mm 厚的灰。灰饼位置在墙面的两尽端距阴（阳）角 150~200mm，大小为 50mm×50mm 为宜。中间灰饼相距 1.5m 左右，并保证上下对应当墙面高度超过 2.8m 时，中间添加灰饼。

③做标筋：就是在两灰饼间抹出一条长灰梗来，墙面标筋又叫作冲筋。端面呈梯形，底面宽约 100mm，上宽 50~60mm，灰梗两边搓成与墙面成 45°~60°角。抹灰梗时要求比灰饼凸出 5~10mm。然后用刮尺紧贴灰饼左上右下反复地搓刮，直至灰条与灰饼齐平为止，再将两侧修成斜面，以便与抹灰层结合牢固。

④抹底灰：抹底灰的操作包括抹灰、刮杠、搓平。底灰抹灰要分层进行。当标筋完成 2h，达到一定强度就要进行底层砂浆抹灰。底层抹灰要薄，使砂浆牢固地嵌入砖缝内。一般应从上而下进行，在两标筋之间的墙面上砂浆抹满后，即用长刮尺两头靠着标筋，从上而下进行刮灰，使抹的底层灰比标筋面略低，再用木抹子搓实，并去高补低。

待底层灰七八成干后方可抹中层砂浆层，一般应从上而下、自左向右涂抹。中层抹灰其厚度以垫平标筋为准，并使其略高于标筋。

中层砂浆抹好后，即用刮尺刮平。凹陷处即补抹砂浆，然后再刮，直至平整为止。紧接着要用木抹子搓磨一遍，使其表面平整密实。

⑤阴阳角找方：同水泥砂浆抹灰。

⑥抹罩面灰：分为原浆罩面和加浆罩面。

a. 原浆罩面　利用木抹子在已刮平的中层面上搓压，把浆挤压出来，然后用铁抹子压光。

b. 加浆罩面　加的浆类别有纯水泥浆、纸筋灰浆、麻刀灰浆等。在中层抹灰面上抹加浆压光。

5. 墙面抹灰质量评分标准

一般抹灰质量的允许偏差和检验方法见表 6-4，抹灰工种考核任务及评分标准见

表6－6。

表 6－6 抹灰工种考核任务及评分标准

专业： 班级： 组别：

序号	项目名称		质量要求及允许偏差	分值	得分
1	墙面抹灰	表面质量	表面光滑、洁净	20	
2		抹灰层总厚度	符合要求	15	
3		面层与下层结合	无空鼓	10	
4		立面垂直度	4mm/2m	20	
5		表面平整度	4mm/2m	20	
6	安全文明施工		无事故、工完场清	15	
7	总得分				

组长：

其他成员：

检评人： 日期： 年 月 日

任务 6.2　涂饰工程施工

6.2.1　涂饰工程的施工方法

（1）刷涂

刷涂是指采用鬃刷或毛刷施涂。

①施工方法：刷涂时，头遍横涂，走刷要平直，有流坠马上刷开，回刷一次；蘸涂料要少，一刷一蘸，不宜蘸得太多，防止流淌；由上向下一刷紧挨一刷，不得留缝；第一遍干后刷第二遍，第二遍一般为竖涂。

②施工注意事项：

a. 上道涂层干燥后，再进行下道涂层，间隔时间依涂料性能而定。

b. 涂料挥发快的和流平性差的，不可过多重复回刷，注意每层厚薄一致。

c. 刷罩面层时，走刷速度要均匀，涂层要匀。

d. 第一道深层涂料稠度不宜过大，深层要薄，使基层快速吸收为佳。

（2）滚涂

滚涂是指利用滚涂辊子进行涂饰。

①施工方法：先把涂料搅匀调至施工黏度，少量倒入平漆盘中摊开。用辊筒均匀蘸涂料后在墙面或其他被涂物上滚涂。

②施工注意事项：

a. 平面涂饰时，要求选择流平性好、黏度低的涂料；立面滚涂时，要求选择流平性小、黏度高的涂料。

b. 不要用力压滚，以保证涂料厚薄均匀。不要让辊中的涂料全部挤压出后才蘸料，应使辊内保持一定量的涂料。

c. 接茬部位或滚涂一定量时，应用空辊子滚压一遍，以保护滚涂饰面的均匀和完整，不留痕迹。

③施工质量要求：滚涂的涂膜应厚薄均匀，平整光滑，不流挂，不漏底，表面图案清晰均匀，颜色和谐。

（3）喷涂

喷涂是指利用压力将涂料喷涂于物面墙面上的施工方法。

①施工方法：

a. 将涂料调至施工所需稠度，装入贮料罐或压力供料筒中，关闭所有开关。

b. 打开空气压缩机进行调节，使其压力达到施工压力。施工喷涂压力一般在 0.4 ~ 0.8MPa 范围内。

c. 喷涂作业时，手握喷枪要稳，涂料出口应与被涂面垂直；喷枪移动时应与被喷面保持平行；喷枪运行速度一般为 400~600mm/s。

d. 喷涂时，喷嘴与被涂面的距离一般控制在 400~600mm。

e. 喷枪移动范围不能太大，一般直线喷涂 700~800mm 后下移折返喷涂下一行，一般选择横向或竖向往返喷涂。

f. 喷涂面的上下或左右搭接宽度为喷涂宽度的 1/3~1/2。

g. 喷涂时应先喷门、窗附近，一般要求喷涂两遍成形（横一竖一）。

h. 喷枪喷不到的地方应用油刷、排笔填补。

②施工注意事项：

a. 涂料稠度要适中。

b. 喷涂压力过高或过低都会影响涂膜的质感。

c. 涂料开桶后要充分搅拌均匀，有杂质要过滤。

d. 涂层接茬须留在分隔缝处，以免出现明显的搭接痕迹。

③施工质量要求：涂膜厚度均匀，颜色一致，平整光滑，不得出现露底、皱纹、流挂、针孔、气泡和失光等现象。

（4）抹涂

抹涂是指用不锈钢抹子将涂料抹压到各类物面上的施工方法。

①施工方法：

a. 抹涂底层涂料：用刷涂、滚涂方法，先刷一层底层涂料做黏结层。

b. 抹涂面层涂料：底层涂料涂饰后 2h 左右，即可用不锈钢抹子涂抹面层涂料，涂层厚度为 2~3mm；抹完后，间隔 1h 左右，用不锈钢抹子拍抹饰面压光，使涂料中的黏结剂在表面形成一层光亮膜；涂层干燥时间一般为 48h 以上，期间如未干燥，应注意保护。

②施工注意事项：

a. 抹涂饰面涂料时，不得回收落地灰，不得反复抹压。

b. 涂抹层的厚度为 2~3mm。

c. 工具和涂料应及时检查，如发现不干净或掺入杂物时，应清除或不用。

③施工质量要求：

a. 饰面涂层表面平整光滑，色泽一致，无缺损、抹痕。

b. 饰面涂层与基层结合牢固，无空鼓，无开裂。

c. 阴阳角方正垂直，分隔缝整齐顺直。

6.2.2 外墙涂饰工程施工

（1）外墙涂饰工程的一般要求

①涂饰工程所用涂料产品的品种应符合设计要求和现行有关国家标准的规定。

②混凝土和抹灰表面施涂溶剂涂料时，含水率不得大于 8%；施涂水性和乳液型涂料时含水率不得大于 10%。涂料与基层的材质应有恰当的配伍。

③涂料干燥前，应防止雨淋、尘土玷污和热空气的侵袭。

④涂料工程使用的腻子应坚实牢固，不得粉化、起皮和裂纹。

⑤涂料的工作黏度和稠度必须加以控制，使其在涂料施涂时不流坠，无刷痕；施涂

过程中不得任意稀释。

⑥双组分或多组分涂料在施涂前应按产品说明规定的配合比，根据使用情况分批混合，并在规定的时间内用完；所有涂料在施涂前和施涂过程中均应保持均匀。

⑦施涂溶剂型、乳液型和水性涂料时，后一遍施涂必须在前一遍涂料干燥后进行；每一遍涂料应施涂均匀，各层必须结合牢固。

⑧水性和乳液型涂料施涂时的环境温度，按产品说明的温度控制，冬季室内施涂时，应在采暖条件下进行，室温应保持均衡，不得突然变化。

⑨建筑物的细木制品、金属构件与制品，如为工厂制作组装，其涂料宜在生产制作阶段施涂，最后一遍涂料宜在安装后施涂。

⑩涂料施工分阶段进行时，应以分隔缝、墙的阴角处或落水管处等为分界线。

⑪同一墙面应用同一批号的涂料，每遍涂料不宜施涂过厚，涂层应均匀、颜色一致。

（2）外墙涂饰工程的施工工序

外墙涂料饰面应根据涂料种类、基层材质、施工方法、表面花饰以及涂料的配比与搭配等来安排恰当的工序，以保证质量合格。

①混凝土表面、抹灰表面基层处理：

a. 新建筑物的混凝土或抹灰基层在涂饰涂料前涂刷抗碱封闭底漆。

b. 旧墙面在涂饰涂料前应清涂疏松的旧装修层，并涂刷界面剂。

c. 施涂前应将基体或基层的缺棱掉角处修补，表面麻面及缝隙应用腻子补齐填平。

d. 基层表面上的尘灰、污垢、溅沫和砂浆流痕应清除干净。

e. 表面清扫干净后，最好用清水冲刷一遍，有油污处用碱水或肥皂水擦净。

②混凝土及抹灰外墙表面薄涂料的施工工序：薄质涂料包括乳液薄涂料、溶剂型薄涂料、无机薄涂料等。薄质涂料的基本施工工序为：基层修补→清扫→填补腻子、局部刮腻子→磨平第一遍涂料→复补腻子→磨平（光）→第二遍涂料。

③混凝土及抹灰外墙表面厚涂料的施工工序：厚质涂料包括合成树脂乳液厚涂料、无机厚涂料等。厚质涂料的基本施工工序为：基层修补→清扫→填补缝隙、局部刮腻子→磨平→第一遍厚涂料→第二遍厚涂料。

④混凝土及抹灰外墙表面复层涂料施工工序：复层涂料包括水泥系复层涂料、合成树脂乳液系复层涂料、硅酮胶类复层涂料和固化型合成树脂乳液复层涂料。复层涂料的基本施工工序为：基层修补→清扫→填补缝隙、局部刮腻子→磨光施涂封底涂料→施涂主层涂料→滚压→第一遍罩面涂料→第二遍罩面涂料。

6.2.3　内墙涂饰工程施工

（1）内墙涂料装饰的一般要求

①涂料施工应在抹灰工程、木装饰工程、水暖工程、电器工程等全部完工并经验收合格后进行。

②根据装饰设计的要求，确定涂饰施工的涂料材料，并根据现行材料标准，对材料进行检查验收。

③要认真了解涂料的基本特性和施工特性。

④了解涂料对基层的基本要求，包括基层材质、坚实程度、附着能力、清洁程度、干燥程度、平整度、酸碱度（pH）等，并按其要求进行基层处理。

⑤涂料施工的环境温度不能低于涂料正常成膜温度的最低值，相对湿度也应符合涂料施工相应的要求。

⑥涂料的溶剂（稀释剂）、底层涂料、腻子等均应合理地配套使用，不得滥用。

⑦涂料使用前应调配好。双组分涂料的施工，必须严格按产品说明书规定的配合比，根据实际使用量分批混合，并在规定的时间内用完。

⑧所有涂料在施涂前及施涂过程中，必须充分搅拌，以免沉淀，影响施涂操作和施工质量。

⑨涂料施工前，必须根据设计要求，做出样板或样板间，经有关人员认可后方可大面积施工。样板或样板间应一直保留到竣工验收为止。

⑩一般情况下，后一遍涂料的施工必须在前一遍涂料表面干燥后进行。每一遍涂料应施涂均匀，各层涂料必须结合牢固。

⑪采用机械喷涂时，应将不需施涂部位遮盖严实，以防玷污。

⑫建筑物中的细木制品、金属构件和制品，如为工厂制作组装，其涂料宜在生产制作阶段施涂，最后一遍涂料宜在安装后施涂；如为现场制作组装，组装前应先涂一遍底子油（干性油、防锈涂料），安装后再施涂涂料。

⑬涂料工程施工完毕，应注意保护成品，保护成膜硬化条件及已硬化成膜的部分不受玷污。其他非涂饰部位的涂料必须在涂料干燥前清理干净。

（2）内墙涂料的施涂工序

①混凝土及抹灰基层的施涂工序：

a. 薄质涂料　包括水性涂料、合成树脂乳液涂料、溶剂型（包括油性）涂料、无机涂料等。薄质涂料的基本施工工序为：清扫→填补腻子、局部刮腻子→磨平→第一遍刮腻子→磨平→第二遍刮腻子→磨平→干性油打底→第一遍涂料→复补腻子→磨平（光）→第二遍涂料→磨平（光）→第三遍涂料→磨平（光）→第四遍涂料。

b. 厚质涂料　包括合成树脂乳液涂料、合成树脂乳液砂壁状涂料、合成树脂轻质厚涂料、无机涂料等。厚质涂料的基本施工工序为：基层清扫→填补腻子、局部刮腻子→磨平→第一遍满刮腻子→磨平→第二遍满刮腻子→磨平→第一遍喷涂厚涂料→第二遍喷涂厚涂料→局部喷涂厚涂料。

c. 复层涂料　包括水泥系复层涂料、合成树脂乳液系复层涂料、硅酮胶系复层涂料和固化型合成树脂乳液系复层涂料。复层涂料的基本施工工序为：基层清扫→填补缝隙、局部刮腻子→磨平→第一遍满刮腻子→磨平→第二遍满刮腻子→磨平→施涂封底涂料→施涂主层涂料→滚压→第一遍罩面涂料→第二遍罩面涂料。

②木材基层的施涂工序：内墙涂料装饰对于木基层的施涂部位包括木墙裙、木护墙、木隔断、木挂镜线及各种木装饰线等。所用的涂料有油性涂料（清漆、磁漆、调和漆）、溶剂型涂料等。

a. 溶剂型混色涂料的施工工序　清扫、起钉子、除油污等→铲去脂囊、修补平整→磨砂纸→节疤处点漆片→干性油或带色干性油打底→局部刮腻子、磨光→腻子处涂干性油→第一遍满刮腻子→磨光→刷涂底层涂料→第一遍涂料→复补腻子→磨光→湿布擦净→第二遍涂料→磨光（高级涂料用水砂纸）→磨光→第二遍满刮腻子→湿布擦净→第三遍涂料。

　　b. 清漆涂料的施工工序　清扫、起钉子、除去油污等→磨砂纸→润粉→磨砂纸→第一遍满刮腻子→磨光→第二遍满刮腻子→磨光→刷油色→第一遍清漆→拼色→复补腻子→磨光→第二遍清漆→磨光→第三遍清漆→水砂纸磨光→第四遍清漆→磨光→第五遍清漆→磨退→打砂蜡→打油蜡→擦亮。

　　③金属基层的施涂工序：内墙涂料装饰中金属基层涂饰主要应用在金属花饰、金属护墙、栏杆、扶手、金属线角、黑白铁制品等部位。

　　金属基层涂料的施工工序为：除锈、清扫、磨砂纸→刷涂防锈涂料→局部刮腻子→磨光→第一遍刮腻子→磨光→第二遍满刮腻子→磨光→第一遍涂料→复补腻子→磨光→第二遍涂料→磨光→湿布擦净→第三遍涂料→磨光（用水砂纸）→湿布擦净→第四遍涂料。

任务 6.3　贴面类饰面施工

6.3.1　内外墙瓷砖工程施工

饰面砖镶贴一般是指在墙面进行釉面砖、外墙面砖、陶瓷锦砖和玻璃马赛克的镶贴工程。

6.3.1.1　内墙面砖

内墙面砖主要采用釉面砖。它具有热稳定性好、防火、防潮、耐酸碱腐蚀、坚固耐用、易于清洁等特点，主要用于厨房、浴室、卫生间、医院、试验室等场所的室内墙面和台面的饰面，瓷砖镶贴实例如图 6 – 15 所示。

图 6 – 15　瓷砖镶贴实例

釉面砖的种类按性质分有通用砖（正方形、长方形）和异形配件砖。通用砖一般用于大面积墙面的铺贴；异形配件砖多用于墙面阴阳角和各收口部位的细部构造处理（图 6 – 16）。

6.3.1.2　外墙面砖

用于建筑外墙装饰的陶质或炻质陶瓷面砖称为外墙面砖。由于受风吹日晒、冷热交替等自然环境的作用较严重，要求外墙面砖的结构致密，抗风化能力和抗冻性强，同时具有防火、防水、抗冻、耐腐蚀等性能。

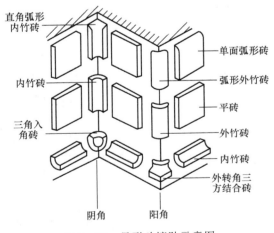

图 6 – 16　异形砖镶贴示意图

外墙面砖根据外观和使用功能的不同，可以分为彩釉砖、劈离砖、彩胎砖、陶瓷艺术砖、金属陶瓷面砖等。在实际选用时，应该根据具体设计的要求与使用情况而定。

6.3.1.3 施工准备

（1）作业条件

①主体结构已进行中间验收并确认合格，同时饰面施工的上层楼板或屋面应已完工不漏水，全部饰面材料按计划数量验收入库。

②找平层拉线、灰饼和标筋已做完，大面积底糙完成，基层经自检、互检、交验，墙面平整度和垂直度合格。

③突出墙面的钢筋头、钢筋混凝土垫块、梁头已剔平，脚手洞眼已封堵完毕。

④水暖管道经检查无漏水，试压合格，电管埋设完毕，壁上灯具支架做完。

⑤门窗框及其他木制、钢制、铝合金预埋件按正确位置预埋完毕，标高符合设计要求。配电箱等嵌入件已嵌入指定位置，周边用水泥砂浆嵌固完毕，扶手栏杆装好。

（2）对材料的要求

①已到场的饰面材料应进行数量清点核对。

②按设计要求进行外观检查。检查内容主要包括进料与选定样品的图案、花色、颜色是否相符，有无色差；各种饰面材料的规格是否符合质量标准规定的尺寸和公差要求；各种饰面材料是否有表面缺陷或破损现象。

③检测饰面材料所含污染物是否符合规定。

（3）施工工具、机具

除常用工具外，还需要专门的工具，如开刀、橡皮锤、冲击钻等，如图 6-17 所示。

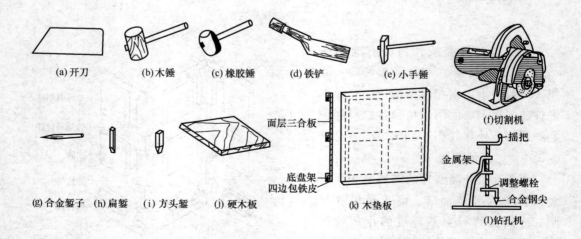

（a）开刀　　（b）木锤　　（c）橡胶锤　　（d）铁铲　　（e）小手锤

（f）切割机

面层三合板

底盘架
四边包铁皮

（g）合金錾子　（h）扁錾　（i）方头錾　（j）硬木板　　（k）木垫板

摇把

金属架

调整螺栓

合金钢尖

（l）钻孔机

图 6-17　瓷砖镶贴常用机具

6.3.1.4　内墙饰面砖施工

（1）工艺流程

基层处理→抹底、中层灰并找平→弹出上口和下口水平线→分隔弹线→选面砖→预排砖→浸砖→做灰饼→垫托木→面砖铺贴→勾缝→养护及清理

（2）施工要点

①基层处理：当基层为混凝土时，先剔凿混凝土基体上凸出部分，使基层保持平整、毛糙，然后刷一道界面剂。在不同材料的交接处或表面有孔洞处，用1:2或1:3的水泥砂浆找平。

当基层为砖时，应先剔除墙面多余灰浆，然后用钢丝刷清理浮土，并浇水润湿墙体，使润湿深度为 2~3mm，瓷砖镶贴基本构造如图6-18所示。

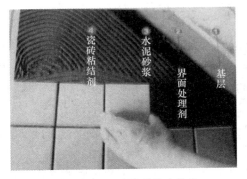

图6-18　瓷砖镶贴基本构造

②做找平层：用 1:3 水泥砂浆在已充分润湿的基层上涂抹，总厚度应控制在 15mm 左右；应分层施工；同时注意控制砂浆的稠度且基层不得干燥。找平层表面要求平整、垂直、方正。

③弹水平线：根据设计要求，定好面砖所贴部位的高度，用"水柱法"找出上口的水平点，并弹出各面墙的上口水平线。

依据面砖的实际尺寸，加上砖之间的缝隙，在地面上进行预排、放样，量出整砖部位，从最上层砖的上口至最下皮砖的下口尺寸，再在墙面上从上口水平线量出预排砖的尺寸，做出标记，并以此标记，弹出各面墙所贴面砖的下口水平线。

④弹线分隔：弹线分隔是在找平层上用墨线弹出饰面砖分隔线。弹线前应根据镶贴墙面长、宽尺寸，将纵、横面砖的皮数划出皮数杆，定出水平标准，如图6-19所示。

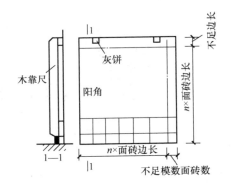

图6-19　瓷砖镶贴分隔线示意图

a. 弹水平线：对要求面砖贴到顶的墙面，应先弹出顶棚底或龙骨下标高线，按饰面砖上口伸入吊顶线内 25mm 计算，确定面砖铺贴上口线，然后从上往下按整块饰面砖的尺寸分划到最下面的饰面砖。

b. 弹竖向线：最好从墙内一侧端部开始，以便不足模数的面砖贴于阴角处。

⑤选面砖：选面砖是保证饰面砖镶贴质量的关键工序。为保证镶贴质量，必须在镶贴前按颜色的深浅、尺寸的大小不同进行分选。对于饰面砖的几何尺寸大小，可以采用自制模具，如图6-20所示。

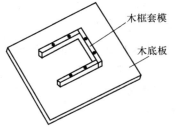

图6-20　瓷砖选砖模具

⑥预排砖：为确保装饰效果和节省面砖用量，在同一墙面只能有一行与一列非整块饰面砖，并且应排在紧靠地面或不显眼的阴角处。内墙面砖镶贴排列方法，主要有直缝镶贴和错缝镶贴（俗称"骑马缝"）两种，如图6-21所示。凡有管线、卫生设备、灯具支撑等或其他大型设备时，面砖应裁成U形口套入，再将裁下的小块截去一部分，与原砖套入U形口嵌好，严禁用几块其他零砖拼凑。

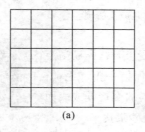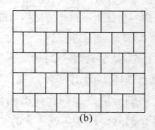

图6-21　瓷砖镶贴排列
（a）直缝镶贴　（b）错缝镶贴

面砖排列时应以设备下口中心线为准对称排列。在预排砖中应遵循平面压立面、大面压小面、正面压侧面的原则。凡阳角和每面墙最顶一皮砖都应是整砖，而将非整砖留在最下一皮与地面连接处。阳角处正立面砖盖住侧面砖。除柱面镶贴外，其他阳角不得对角粘贴，脸盆部位饰面砖排砖示意图如图6-22所示。

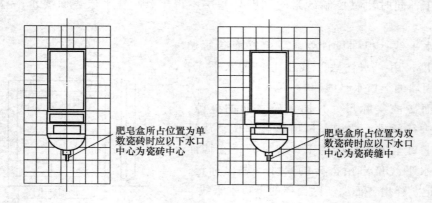

肥皂盒所占位置为单数瓷砖时应以下水口中心为瓷砖中心

肥皂盒所占位置为双数瓷砖时应以下水口中心为瓷砖缝中

图6-22　脸盆部位饰面砖排砖示意图

⑦浸砖：已经分选好的瓷砖，在铺贴前应充分浸水润湿，防止用干砖铺贴上墙后，吸收砂浆（灰浆）中的水分，致使砂浆中水泥不能完全水化，造成黏结不牢或面砖浮滑。

一般浸水时间不少于2h，取出后阴干到表面无水膜，通常6h左右。

⑧做灰饼：铺贴面砖时，应先贴若干块废面砖作为灰饼，上下用托线板挂直，作为粘贴厚度依据。

横向每隔1.5m左右做一个灰饼，用拉线或靠尺校正平整度。

在门洞口或阳角处，如有镶边时，则应将其尺寸留出先铺贴一侧的墙面瓷砖，并用托线板校正靠直。如无镶边，在做灰饼时，除正面外，阳角的侧面也相应有灰饼，即所谓的双面挂直，如图6-23所示。

⑨垫托木：按地面水平线嵌上一根八字尺或直靠尺，用水平尺校正，作为第一行面砖水平方向的依据，如图6-24所示。

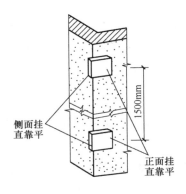

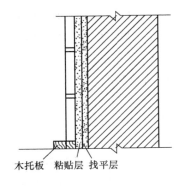

图 6-23　饰面砖镶贴灰饼　　　　图 6-24　饰面砖垫托木示意图

⑩面砖铺贴：施工层从阳角或门边开始，由下往上逐步镶贴。方法为：左手拿砖，背面水平朝上，右手握灰铲，在釉面砖背面满抹灰浆（水泥砂浆以体积配比为 1:2 为宜），厚度 5~8mm，用灰铲将四周刮成斜面，使其形状为"梯形"即打灰完成，如图 6-25 所示。

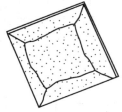

图 6-25　饰面砖背面抹灰浆示意图

将面砖坐在垫木上，少许用力挤压，用靠尺板横、竖向靠平直，偏差处用灰铲轻轻敲击，使其与底层粘贴密实。

在镶贴施工过程中，应随粘贴随敲击，并将挤出的砂浆刮净，同时随用靠尺检查表面平整度和垂直度。如地面有踢脚板，靠尺条上口应为踢脚板上沿位置，以保证面砖与踢脚板接缝美观，如图 6-26 所示。

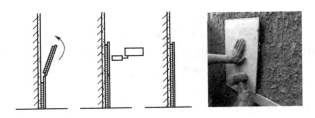

图 6-26　饰面砖镶贴示意图

⑪勾缝：饰面砖在镶贴施工完毕，应进行全面检查，合格后用棉纱将砖表面上的灰

浆拭净，同时用与饰面砖颜色相同的水泥嵌缝。

⑫养护、清理：镶贴后的面砖应防冻、防烈日暴晒，以免砂浆酥松。完工24h后，墙面应洒水湿润，以防早期脱水。施工现场、地面的残留水泥浆应及时铲除干净，多余面砖应集中堆放。

6.3.1.5　外墙饰面砖施工

（1）工艺流程

基层处理→抹底、中层灰并找平→选砖→预排砖→弹线分隔→镶贴→勾缝

（2）施工要点

①抹底、中层灰并找平：外墙面砖的找平层处理与内墙面砖的找平层处理相同。只是应注意各楼层的阳台和窗口的水平方向、竖直方向和进出方向保持"三向"成线。

②选砖：首先按颜色一致选一遍，然后再用自制模具对面砖的尺寸大小、厚薄进行分选归类。经过分选的面砖要分别存放，以便在镶贴施工中分类使用，确保面砖的施工质量。

③预排砖：按照立面分隔的设计要求预排面砖，以确定面砖的皮数、块数和具体位置，作为弹线和细部做法的依据。外墙面砖镶贴排砖的方法较多，常用的有矩形长边水平排列和竖直排列两种。按砖缝的宽度，又可分为密缝排列和疏缝排列。按砖缝的宽度，又可分为密缝排列（缝宽1~3mm）与宽缝排列（缝宽4~20mm），如图6-27所示。外墙面砖的预排中应遵循：阳角部位应当是整砖，且阳角处正立面整砖应盖住侧立面整砖。对大面积墙面砖的镶贴，除不规则部分外，其他部分不允许使用裁砖。除柱面镶贴外，其余阳角不得对角粘贴。

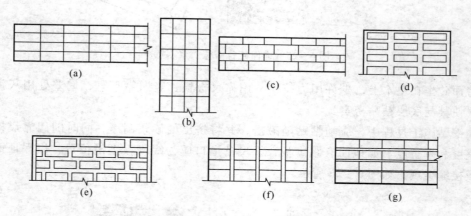

图6-27　外墙砖排缝示意图

（a）长边水平密缝　（b）长边竖直密缝　（c）密缝错缝　（d）水平、竖直疏缝
（e）疏缝错缝　（f）水平密缝、竖直疏缝　（g）水平疏缝、竖直密缝

在预排中，对凸出墙面的窗台、腰线、滴水槽等部位的排砖，应注意面砖必须做出一定的坡度，一般为0.03，面砖应盖住立面砖。底面砖应贴成滴水鹰嘴。

④弹线分隔：应根据预排结果画出大样图，按照缝的宽窄大小（主要指水平缝）做好分隔条，作为镶贴面砖的辅助基准线。

在外墙阳角处用线锤吊垂线并用经纬仪进行校核，然后用花篮螺栓将线锤吊正的钢丝固定绷紧上下端，作为垂线的基准线。以阳角基线为准，每隔1.5～2m做灰饼，定出阳角方正，抹灰找平，如图6-28所示。在找平层上，按照预排大样图先弹出顶面水平线。在墙面的每一部分，根据外墙水平方向的面砖数，每隔约1m弹一垂线。在层高范围内，按照预排面砖实际尺寸和对称效果，弹出水平分缝、分层皮数。

⑤镶贴施工：镶贴面砖前应将墙面清扫干净，清除妨碍贴面砖的障碍物，检查平整度和垂直度。

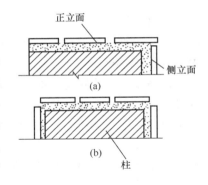

图6-28　阳角镶贴排砖示意图

（a）正面压侧面　（b）柱面对角粘贴

铺贴的砂浆一般为水泥砂浆或水泥混合砂浆，其稠度要一致，厚度一般为6～10mm。

镶贴顺序应自上而下分层分段进行，每层内镶贴程序应是自下而上进行，而且要先贴柱、后贴墙面、再贴窗间墙。

竖缝的宽度与垂直度，应当完全与排砖时一致；门窗套、窗台及腰线镶贴面砖时，要先将基体分层抹平，并随手划毛，待七八成干时，再洒水抹2～3mm厚的水泥浆，随即镶贴面砖，如图6-29所示。

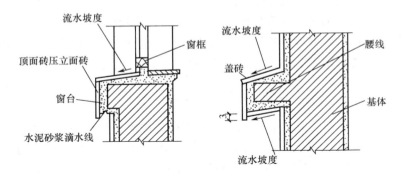

图6-29　窗台、腰线找平示意图

⑥勾缝、擦洗清理：在完成一个层段的墙面铺贴并经检查合格后，即可进行勾缝。

勾缝所用的水泥浆可分两次进行嵌实，第一次用一般水泥砂浆，第二次按设计要求用彩色水泥浆或普通水泥浆勾缝。

6.3.1.6　陶瓷锦砖施工

（1）工艺流程

基层处理→抹找平层→排砖、分隔、放线→镶贴→揭纸→调整→擦缝

（2）施工要点

①找平层处理。

②排砖、分隔和放线：按照设计要求，根据门窗洞口横竖装饰线条的布置，首先明确墙角、墙垛、出檐、线条、分隔、窗台、窗套等节点的细部处理，按整砖模数预排砖

确定分隔线。

施工时，根据节点详图和施工大样图，先弹出水平线和垂直线，水平线按每方陶瓷锦砖一道，垂直线最好也是每方一道，也可以 2 ~ 3 方一道，垂直线要与房屋大角以及墙垛中心线保持一致。

③镶贴施工：镶贴施工时，一般由下而上进行，按已弹好的水平线放置八字靠尺或直靠尺，并用水平尺校正垫平。

④揭纸：陶瓷锦砖贴于墙面后，一只手将硬木拍板放在已贴好的陶瓷锦砖上，另一只手用小木锤敲击木拍板，将所有的陶瓷锦砖满敲一遍，使其平整，然后将陶瓷锦砖护面纸用软刷子刷水润湿，等护面纸吸水泡开即可揭纸。

⑤调整：揭纸后要检查缝的大小。调整砖缝（拨缝）的工作，应在黏结层砂浆初凝前进行。拨缝时一只手将开刀放于缝间，另一只手用小抹子轻敲开刀，将缝拨匀、拨正，使陶瓷锦砖的边口以开刀为准排齐。

⑥擦缝：黏结用的水泥浆凝固后，用素水泥浆找补擦缝。先用橡胶刮板将水泥浆在陶瓷锦砖表面刮一遍，嵌实缝隙，接着加些干水泥，进一步找补擦缝。全面清理干净后，次日喷水养护。

6.3.1.7　饰面砖工程的质量验收

饰面砖工程验收时应检查的文件：施工图、设计说明及其他设计文件，材料的产品合格证书、性能检测报告、进场验收记录和复验报告，后置埋件的现场拉拔强度检测报告，外墙饰面砖样板件的黏结强度检测报告，隐蔽工程验收记录。

施工验收：室内每个检验批应至少抽查 10%，并不得少于 3 间。不足 3 间时应全数检查。室外每个检验批每 $100m^2$ 应至少抽查一处，每处不得小于 $10m^2$。

6.3.2　内外墙石材工程施工

石材贴面铺贴方法有干挂法、湿挂法、直接粘贴法等，石材饰面工程效果图如图 6 - 30 所示。"干挂"一般是指石材基层用钢骨架，再用不锈钢挂件将钢骨架与石材连接的施工方法。"干贴"一般是指石材基层用干粉型黏结剂作为粘贴材料，基层用水泥砂浆打底后再铺板的施工方法。"湿挂"一般是指石材基层用水泥砂浆作为粘贴材料，先挂板后灌砂浆的施工方法。"湿贴"一般是指石材基层用水泥砂浆作为粘贴材料，基层用水泥砂浆打底后再铺板的施工方法。

6.3.2.1　施工准备

（1）材料准备

①石材：根据设计选用，一般有天然大理石、天然花岗石、人造石材等。

②修补胶黏剂及腻子：环氧树脂胶黏剂、环氧树脂腻子、颜料等。

③防泛碱材料及防风化涂料：玻璃纤维网格布、石材防碱背涂处理剂、罩面剂等。

④连接件：金属膨胀螺栓、钢筋骨架、金属夹、铜丝或钢丝等。

⑤黏结材料及嵌缝膏：水泥、砂、嵌缝膏、密封胶、弹性胶条等。

⑥辅助材料：石膏、塑料条、防污胶带、木楔、防锈漆等。

（2）主要机具

图 6 - 30　石材饰面板工程效果图

砂浆搅拌机、电动手提切割锯、台式切割机、钻、砂轮磨光机、冲击电钻、嵌缝枪、专用手推车、尺、锤、凿、剁斧、抹子、粉线包、墨斗、线坠、挂线板、施工线、刷子、笤帚、铲、锹、开刀、灰槽、桶、钳、红铅笔等。

（3）作业条件

主体结构已验收完毕。

影响饰面板施工的水、电、通风、设备安装等工序已完成。

内外门、窗框均已安装完毕，安装质量符合要求，塞缝符合规范及设计要求，门窗框贴好保护膜。

室内墙面已弹好水平基准线；室外水平基准线应使整个外墙面能够交圈。

基体的预埋件（含后置埋件）的规格、位置、数量符合设计要求。

脚手架满足施工及安全要求。

有防水层的房间、平台、阳台等，已做好防水层和保护层，经验收合格。

6.3.2.2　施工工艺

（1）石材饰面板湿挂法

①工艺流程：

板材钻孔、剔槽→骨架安装→穿铜丝或钢丝与块材固定→绑扎→吊垂直、找规矩、弹线→防碱背涂处理→安装石材→分层灌浆→擦缝

②施工要点：

a. 板材钻孔、剔槽　安装前先将饰面板按照设计要求用台钻打眼，事先应钉木架使钻头直对板材上端面，在每块饰面板的上、下两个面打眼，孔位打在距板宽的两端1/4处，每面各打两个眼。孔径为5mm（瓷板孔径宜为3.2~3.5mm），深度为12mm（瓷板深度宜为20~30mm），孔位距石板背面以8mm为宜。每块石材与钢筋网连接点不得少于4个，如石材宽度较大时，可以增加打孔的数量。钻孔后用电动手提切割锯轻轻剔一道槽，深5mm左右，连同孔眼形成象鼻眼，以备埋卧铜丝或钢丝。

若饰面板规格较大，下端不好拴绑铜丝或钢丝时，也可在未镶贴饰面的一侧，采用电动手提切割锯按规定在板高的1/4处上、下各开一槽（槽长30~40mm，槽深约12mm，

与饰面板背面打通，竖槽一般居中，也可偏外，但以不损坏外饰面和不泛碱为宜），可将铜丝或钢丝卧入槽内，便可与钢筋网拴绑固定。此法也可直接在镶贴现场进行。

b. 骨架安装　将符合设计要求的钢筋或型钢与基体预埋件可靠连接，再将钢筋或型钢根据设计的间距焊接成钢筋网骨架。焊接时焊点（缝）应结实牢固，不得假焊、虚焊，焊渣随时清理干净。

c. 穿铜丝或钢丝与块材固定　把备好的铜丝或钢丝剪成长 200mm 左右，一端用木楔沾环氧树脂将铜丝或钢丝进孔内固定牢固，另一端将铜丝或钢丝顺孔槽弯曲并卧入槽内，使石材上下端面没有铜丝或钢丝突出，以便和相邻石材接缝严密。

d. 绑扎　横向钢筋为绑扎石材所用，如板材高度为 600mm 时，第一道横筋在地面以上 100mm 处与主筋绑牢，用作绑扎第一层板材的下口固定铜丝或钢丝。第二道横筋绑扎在比板材上口低 20～30mm 处，用于绑扎第一层板材上口固定铜丝或钢丝。

e. 吊垂直、找规矩、弹线　首先将要贴石材的墙面、柱面和门窗套用大线坠从上至下找出垂直。应考虑石材厚度、灌注砂浆的空隙和钢筋网所占尺寸，一般石材外皮距结构面的厚度应以 50～70mm 为宜。找出垂直后，在地面上顺墙弹出石材等外廓尺寸线。此线即为第一层石材的安装基准线。编好号的石材等在弹好的基准线上画出就位线，每块留 1mm 缝隙（如设计要求拉开缝，则按设计规定留出缝隙）。并根据设计图纸和实际需要弹出安装石材的位置线和分块线。

f. 防碱背涂处理　粘贴的石材根据设计要求进行防碱背涂处理。

g. 安装石材　按部位取石材并舒直铜丝或钢丝，将石材就位，石材上口外仰，右手伸入石材背面，把石材下口铜丝或钢丝绑扎在横筋上。绑得不要太紧可留余量，只要把铜丝或钢丝和横筋拴牢即可。把石材竖起，便可绑石材上口铜丝或钢丝，并用木楔子垫稳，块材与基层间的缝隙一般为 30～50mm，用靠尺板检查调整木楔。再拴紧铜丝或钢丝，依次向另一方进行。柱面可按顺时针方向安装，一般先从正面开始。第一层安装完毕再用靠尺找垂直，水平尺找平整，方尺找阴阳角方正，在安装石材时如发现石材规格不准确或石材之间的空隙不符，应用铅皮垫牢，使石材之间缝隙均匀一致，并保持第一层石材上口的平直。找完垂直，平直、方正后，调制熟石膏，把调成粥状的石膏贴在石材上下之间，使这两层石材结成一整体，木楔处也可粘贴石膏，再用靠尺检查有无变形，等石膏硬化后方可灌浆（如设计有嵌缝塑料软管的，应在灌浆前塞放好）。

h. 分层灌浆　石材固定就位后，应用 1:2.5 的水泥砂浆分层灌注，每层灌注高度为 150～200mm，且不得大于饰面板高的 1/3，并插捣密实，待其初凝后方可灌注上层水泥砂浆。施工缝应留在饰面板的水平接缝以下 50～100mm 处。如在灌浆中饰面板发生移位，应及时拆除重装，以确保安装质量。

砂浆中掺入的外加剂对铜丝或钢丝应无腐蚀作用，其掺量应通过试验确定。

i. 擦缝　全部石材安装完毕后，清除石膏和余浆痕迹，用抹布擦洗干净，并按石材颜色调制色浆嵌缝，边嵌边擦干净，使缝隙密实、均匀、干净、颜色一致。

安装柱面石材，其弹线、钻孔、绑钢筋和安装等工序与镶贴墙面方法相同，要注意灌浆前用木方子钉成槽形木卡子，双面卡住石材，以防止灌浆时石材外胀。

（2）石材饰面板干挂法

通过挂件将饰面板固定的施工方法，简称干挂。包括扣槽式干挂法和插销式干挂法两种。石材干挂构造如图6-31所示。

①施工工艺：

基层处理→墙体测放水平、垂直线→钢架制作安装→挂件安装→选板、预拼、编号、开槽钻孔→石材安装→密封胶灌缝

②施工要点：

a. 基层处理　墙体为混凝土结构时，应对墙体表面进行清理修补，使墙面修补处平整结实。

b. 墙体测放水平、垂直线　依照室

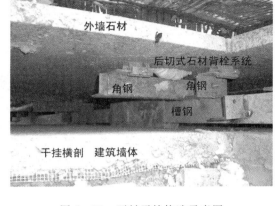

图6-31　石材干挂构造示意图

内水平基准线，找出地面标高，按板材面积计算纵横的皮数，用水平尺找平，并弹出板材的水平和垂直控制线。柱子饰面板的安装，应按设计轴线距离，弹出柱子中心线的水平标高线（图6-32）。

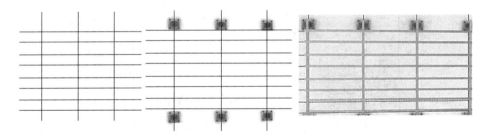

图6-32　石材干挂测线与骨架安装

c. 钢架制作安装　干挂石材采用钢架作安装基面应符合设计要求。

用 $\phi 0.5 \sim 1.0$ mm 的钢丝在基体的垂直和水平方向各拉两根作为安装控制线，将符合设计要求的型钢立柱焊接在预埋件上。全部立柱安装完毕后，复验其间距、垂直度。两根立柱相接时，其接头处的连接符合设计要求，不能焊接。安装横梁，根据安装控制线在水平方向拉通线，横梁的一端通过连接件与立柱用螺栓固定连接，另一端与立柱焊接，焊接时焊缝应饱满，无假焊、虚焊。

钢架制作完毕后应做防锈处理。基体为混凝土且无预埋件时，根据设计要求可在混凝土基体上钻孔，放入金属膨胀螺栓与干挂件直接连接，如图6-33所示。

d. 挂件安装　不锈钢扣槽式挂件由角码板、扣齿板等构件组成，装配示意图如图6-34所示；不锈钢插销式挂件由角码板、销板、销钉等构件组成，装配示意图如图6-35所示；铝合金扣槽式挂件由上齿板、下齿条、弹性胶条等构件组成，装配示意图如图6-36所示。

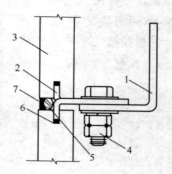

图6-33 石材干挂骨架安装

图6-34 不锈钢扣槽式挂件
装配示意图

1—角码板 2—扣齿板 3—石材
4—螺栓 5—泡沫棒 6—环氧树脂
7—密封胶

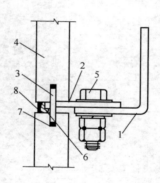

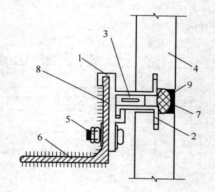

图6-35 不锈钢插销式
挂件装配示意图

1—角码板 2—销板 3—销钉
4—石材 5—螺栓 6—泡沫棒
7—环氧树脂 8—密封胶

图6-36 铝合金扣槽式
挂件装配示意图

1—上齿板 2—下齿条 3—弹性胶条
4—石材 5—螺栓 6—钢架型材
7—密封胶 8—隔离垫 9—泡沫棒

挂件连接应牢固可靠，不得松动；挂件位置调节适当，并能保证石材连接固定位置准确；不锈钢挂件的螺栓紧固力矩应取40~45N·m，并应保证紧固可靠；铝合金挂件挂接钢架L型钢的深度不得小于3mm，M4螺栓（或M4抽芯铆钉）紧固可靠且间距不宜大于300mm；铝合金挂件与钢材接触面，宜加设橡胶或塑胶隔离层。

e. 选板、预拼、编号、开槽钻孔 石材镶贴前，应挑选颜色、花纹，进行预拼编号。板的编号应符合安装时流水作业的要求。

开槽或钻孔前逐块检查板厚度、裂纹等质量指标，不合格者不得使用。

开槽长度或钻孔数量应符合设计要求，开槽钻孔位置在规格板厚中心线上；钻孔的边孔至板角的距离宜取 $0.15b \sim 0.2b$（b 为板支承边边长），其余孔应在两边孔范围内等分设置。

当开槽或钻孔（图 6-37）造成石材开裂时，该块板不得使用。

图 6-37　石材干挂开孔、开槽示意图

f. 石材安装　当设计对建筑物外墙有防水要求时，安装前应修补施工过程中损坏的外墙防水层，安装示意图如图 6-38 所示。

除设计特殊要求外，同幅墙的石材色彩宜一致。

清理石材的槽（孔）内及挂件表面的灰粉。

扣齿板的长度应符合设计要求。

扣齿或销钉插入石材深度应符合设计要求，扣齿插入深度允许偏差为 ±1mm，销钉插入深度允许偏差为 ±2mm。

当为不锈钢挂件时，应将环氧树脂浆液抹入槽（孔）内，满涂挂件与石材的接合部位，然后插入扣齿或销钉。

图 6-38　干挂石材安装示意图

g. 密封胶灌缝　检查复核石材安装质量，清理拼缝。当石材拼缝较宽时，可先塞填充材料，后用密封胶灌缝。

挂件为铝合金时，应采用弹性胶条将挂件上下扣齿间隙塞填压紧，塞填前的胶条宽度不宜小于上下扣齿间隙的 1.2 倍。

密封胶颜色应与石材色彩相配；灌缝高度当设计未作规定时，宜与石材的板面齐平。灌缝应饱满平直，宽窄一致。

灌缝时注意不能污损石材面，一旦发生应及时清理。

如果石材缝潮湿，应干燥后再进行密封胶灌缝施工。

石材饰面与门窗框接合处等的边缘处理，应符合设计要求。

6.3.3　玻璃镜面工程施工

用玻璃和镜面进行装饰，可以使装饰面显得规整、清亮，同时玻璃镜的装点起到了扩大空间、反射景物、创造环境气氛等作用。

　　玻璃镜面的安装方法大致可以分为5种：螺丝固定、嵌钉固定、黏结固定、托压固定、黏结支托固定。每种做法都有各自的特点和使用范围。根据镜子的大小、排列方法、使用场所等因素，选择其中一种方法单独使用或几种方法组合使用。

6.3.3.1　施工准备

　　（1）材料

　　①镜面材料：如普通平镜、带凹凸线脚或花饰的单块特制镜，有时为了美观及减少玻璃镜的安装损耗，加工时可将玻璃的四周边缘磨圆。

　　②衬底材料：包括木墙筋、胶合板、沥青、油毡等，也可选用一些特制的橡胶、塑料、纤维类的衬底垫块。

　　③固定用材料：螺钉、铁钉、玻璃胶、环氧树脂胶、盖条（木材、铜条、铝合金型材等）、橡皮垫圈等。

　　（2）工具

　　玻璃刀、玻璃吸盘、水平尺、托板尺、玻璃胶筒及固钉工具，如锤子、螺丝刀等。

6.3.3.2　施工工艺

　　安装玻璃镜的基本施工程序是：基层处理→立筋→铺针衬板→镜面切割→镜面钻孔→镜面固定。

　　①基层处理：在砌筑墙体或柱子时，预埋木砖，其横向与镜宽相等，竖向与镜高相等，大面积的镜面还需在横竖向每隔500mm埋木砖。墙面要进行抹灰，根据安装使用部位的不同，要在抹灰面上烫热沥青或贴油毡，也可将油毡夹于木材板和玻璃之间，主要是为了防止潮气使木材板变形及潮气使镜面镀层脱落，失去光泽。或使用新型防水、防雾镜片。

　　②立筋：墙筋为40mm或50mm见方的小木方，以铁钉钉在小木方上。安装小块镜面多为双向立筋，安装大块镜面可以单向立筋，横竖墙筋的位置须与木砖一致。要求立筋横平竖直，以便于木衬板和镜面的固定。因此，立筋时也要挂水平、垂直线。安装前要检查防潮层是否做好，立筋钉好后，要用长靠尺检查平整度。

　　③铺钉衬板：木衬板为15mm厚木板或5mm胶合板，用小铁钉与墙筋钉接，钉头没入板内。衬板的尺寸可以大于立筋间距尺寸，这样可以减少裁剪工序，提高施工速度。要求木衬板无翘曲、起皮，且表面平整、清洁，板与板之间的缝隙应在立筋处。

　　④镜面切割：安装一定尺寸的镜面时，要从大片镜面上切割下来。在台案或平整地面上铺胶合板或地毯后，方可进行切割。按照设计尺寸，用靠尺板做依托，用玻璃刀一次性从头划到尾，将镜面切割线处移到台案边缘，一只手按住靠尺板，另一只手握住镜面边，迅速向下扳裂。切割和搬运镜面时，操作者要戴手套。

　　⑤镜面钻孔：若选择螺钉固定，则需钻孔。孔的位置一般在镜面的边角处。首先将镜面放在操作台案上，按钻孔位置量好尺寸，标注清楚，然后在拟钻孔位置浇水，钻头钻孔直径应大于螺丝直径。钻孔时，应不断往镜面上浇水，直至钻透，注意要在钻孔时减轻用力。

　　⑥镜面固定：常用5种固定方法，以下分别介绍。

　　a. 螺丝固定　开口螺丝固定方式，适用于约1m²以下的小镜。墙面为混凝土基底时，预先插入木砖、埋入锚塞，或在木砖、锚塞上再设置木墙筋，再用 $\Phi 3 \sim 5$ 平头或圆头螺丝，透过钻孔钉在墙筋上，对玻璃起固定作用。

b. 嵌钉固定　是把嵌钉钉在墙筋上，将镜面玻璃的四个角压紧的固定方法。

c. 粘贴固定　将镜面玻璃用环氧树脂或玻璃胶粘贴在木材板（镜垫）上的固定方法。适用于 $1m^2$ 以下的镜面，在柱子上镶贴镜面时，多采用这种方法，较为简便易行。

d. 托压固定　这种方法主要靠压条压和边框托将镜面托压在墙上，压条和边框采用木材、塑料和金属型材（如专门用于镜面安装的铝合金型材）。也可用支托五金件的方法，适用于 $2m^2$ 左右的镜面，这种方法无须开孔，完全凭借五金件支托镜面质量，是一种最安全的方法。

e. 粘贴支托固定　对于较大面积的单块镜面，以托压固定法为主，也可结合粘贴固定法固定。镜面本身质量荷载主要落在下部边框或砌体上，其他边框主要起到防止镜面倾斜和装饰的作用。

6.3.3.3　细部处理

①粘贴组合玻璃镜面：在墙面组合粘贴小块玻镜时，应从下边开始，按照弹线位置，从上而下逐块粘贴。在块与块之间的接缝处涂上少许玻璃胶。

②墙柱面角位收边方式：

a. 线条压边法　在玻璃镜的黏结面上，留出一定的位置，以便安装线条压边收口固定。

b. 玻璃胶收边法　可将玻璃胶注在线条的角位处，或注在两块镜面的对角口处。

③玻璃镜与建筑基面的结合：如玻璃镜直接安装在建筑物基面上，应检查基面平整度，如不够平整，要重新批刮或加装木夹板基面。玻璃镜与基面安装时，通常用线条嵌压或用玻璃钉固定（通常安装前，应在玻璃镜背面粘贴一层牛皮纸做保护层），线条和玻璃钉都是钉在埋入墙面的木楔上。

6.3.3.4　注意事项

①按照设计图纸施工，选用的材料规格、品种、色泽应符合设计要求。

②浴室或易积水处，应选用防水性能好、耐酸碱腐蚀的玻璃镜。

③在同一墙面上安装同色玻璃时，最好选用同一批次产品，以免因色差影响装饰效果。

④为确保耐久性，面积较大的玻璃镜应固定在有承载能力、干燥、平整的墙面上。

⑤玻璃镜类材料应存放在干燥通风的室内，每箱都应立放，防止压碎、折裂。

⑥安装后的镜面应平整、洁净，接缝顺直、严密，不得有翘曲、松动、裂隙、掉角等质量问题。

6.3.4　饰面板（砖）工程质量验收标准

6.3.4.1　饰面砖粘贴工程

（1）主控任务

①饰面砖的品种、规格、图案颜色和性能应符合设计要求。

检验方法：观察；检查产品合格证书、进场验收记录、性能检测报告和复验报告。

②饰面砖粘贴工程的找平、防水、黏结和勾缝材料及施工方法应符合设计要求及国家现行产品标准和工程技术标准的规定。

检验方法：检查产品合格证书、复验报告和隐蔽工程验收记录。

③饰面砖粘贴必须牢固。

检验方法：检查样板件黏结强度检测报告和施工记录。

④满粘法施工的饰面砖工程应无空鼓、裂缝。

检验方法：观察；用小锤轻击检查。

（2）一般任务

①饰面砖表面应平整、洁净、色泽一致，无裂痕和缺损。

检验方法：观察。

②阴阳角处搭接方式、非整砖使用部位应符合设计要求。

检验方法：观察。

③墙面凸出物周围的饰面砖应整砖套割吻合，边缘应整齐。墙裙、贴脸突出墙面的厚度应一致。

检验方法：观察；尺量检查。

④饰面砖接缝应平直、光滑，填嵌应连续、密实；宽度和深度应符合设计要求。

检验方法：观察；尺量检查。

⑤有排水要求的部位应做滴水线（槽）。滴水线（槽）应顺直，流水坡向应正确，坡度应符合设计要求。

检验方法：观察；用水平尺检查。

⑥饰面砖粘贴的允许偏差和检验方法应符合表6-7的规定。

表 6-7   饰面砖粘贴的允许偏差和检验方法

项次	任务	允许偏差/mm		检验方法
		外墙面砖	风墙面砖	
1	立面垂直度	3	2	用2m垂直检测尺检查
2	表面平整度	4	3	用2m靠尺和塞尺检查
3	阴阳角方正	3	3	用直角检测尺检查
4	接缝干线度	3	2	拉5m线，不足5m拉通线，用钢直尺检查
5	接缝高低差	1	0.5	用钢直尺和塞尺检查
6	接缝宽度	1	1	用钢直尺检查

6.3.4.2 饰面板安装工程

（1）主控任务

①饰面板的品种、规格、颜色和性能应符合设计要求，木龙骨、木饰面板和塑料饰面板的燃烧性能等级应符合设计要求。

检验方法：观察；检查产品合格证书、进场验收记录和性能检测报告。

②饰面板上孔、槽的数量、位置和尺寸应符合设计要求。

检验方法：检查进场验收记录和施工记录。

③饰面板安装工程的预埋件（或后置埋件）和连接件的数量、规格、位置、连接方法和防腐处理必须符合设计要求。后置埋件的现场拉拔强度必须符合设计要求。饰面板安装必须牢固。

检验方法：手扳检查；检查进场验收记录、现场拉拔强度检测报告、隐蔽工程验收记录和施工记录。

（2）一般任务

①饰面板表面应平整、洁净、色泽一致，无裂痕和缺损。石材表面应无泛碱等污染。

检验方法：观察。

②饰面板嵌缝应密实、平直，宽度和深度应符合设计要求，嵌填材料色泽应一致。

检验方法：观察；尺量检查。

③采用湿作业法施工的饰面板工程，石材应进行碱背涂处理。饰面板与基体之间的灌注材料应饱满、密实。

检验方法：用小锤轻击检查；检查施工记录。

④采用传统的湿作业法安装天然石材时，由于水泥砂浆在水化时析出大量的氢氧化钙，泛到石材表面，产生不规则的花斑，俗称泛碱现象，严重影响建筑物室内外石材饰面的装饰效果。因此，在天然石材安装前，应对石材饰面采用"防碱背涂剂"进行背涂处理。

⑤饰面板上的孔洞应套割吻合，边缘应整齐。

检验方法：观察。

⑥饰面板安装的允许偏差和检验方法应符合表6-8的规定。

表6-8　　　　　饰面板安装的允许偏差和检验方法

项次	任务	允许偏差/mm							检验方法
		石材			瓷板	木材	塑料	金属	
		光面	剁斧石	蘑菇石					
1	立面垂直度	2	3	3	2	1.5	2	2	用2m垂直检测尺检查
2	表面平整度	2	3	—	1.5	1	3	3	用2m靠尺和塞尺检查
3	阴阳角方正	2	4	4	2	1.5	3	3	用直角检测尺检查
4	接缝直线度	2	4	4	2	1	1	1	拉5m线，不足5m拉通线，用钢直尺检查
5	墙裙、勒脚上口直线度	2	3	3	2	2	2	2	拉5m线，不足5m拉通线，用钢直尺检查
6	接缝高低差	0.5	3	—	0.5	0.5	1	1	用钢直尺和塞尺检查
7	接缝宽度	1	2	2	1	1	1	1	用钢直尺检查

陶瓷面砖镶贴工艺实训

1. 实训目的与要求

实训目的：本实训是在抹灰工工种训练的基础上进行的，通过本实训，可以初步掌握陶瓷面砖（瓷砖、釉面砖）镶贴技能，熟悉饰面工程的施工工艺，以及瓷砖的种类、特点及要求，明确瓷砖镶贴的质量标准。

通过实践操作学会为达到施工质量要求正确选择材料和组织施工的方法，培养学生解决现场施工常见工程质量问题的能力。在掌握施工工艺的基础上，了解工程质量验收标准。

实训项目：2~3人一组完成5m²的瓷砖镶贴工程。

实训地点：校内施工实训基地。

2. 材料与设备

（1）材料

①水泥：325号普通硅酸盐水泥、325号白水泥。

②砂：中砂，过筛洁净。

③饰面砖：规格、品种、图案、颜色、均匀性符合设计要求。

④107胶：合格产品。

（2）机具

①常用机具：与一般砖瓦、抹灰作业所用机具相同。

②专业机具：裁刀、钳子、擦布。

3. 施工工艺

基层处理→抹底、中层灰并找平→弹出上口和下口水平线→分隔弹线→选面砖→预排砖→浸砖→做灰饼→垫托木→面砖铺贴→勾缝→养护及清理

4. 操作方法

（1）釉面砖需先浸水

事先要将釉面砖浸水湿润，浸水时间要在2h以上，然后捞起，晾干水分备用。

（2）基层复查

贴砖前需检查基层，诸如底层抹灰是否平整，找平墨线有无高低，阴阳角是否垂直，特别是阴阳角，如果贴砖至阴阳角才发现不垂直显得太迟。抹灰底层表面如果呈现粉白色，表明太干，此时应将墙面洒水湿润；如果表面太光滑，还应凿毛。

（3）弹线、预排砖

镶贴前应在中层上弹线找方，弹出水平和垂直控制线，定出纵横两方向的皮数。在弹线时注意非整砖应排在次要部位或阴角处。弹线要配合预排砖，排砖时根据釉面砖的尺寸及镶贴墙面的大小进行，阴角处如果不是整砖，不能使用小于2/3边长的砖，否则影

响美观。

（4）搅拌水泥浆

先倒半桶水，然后用方形灰铲逐铲放入水泥粉，直至水泥粉刚好盖满半桶水，稍停让水充分渗透水泥粉，然后用镘刀搅拌均匀，即可使用。现场应用经常掺加107胶，增强黏结能力，实训时可不加入或加少量。

（5）贴砖

镶贴前沿最下层一皮砖的下口放好垫尺并用水平尺找平，贴第一行砖时，瓷砖即坐在垫尺上，这样可防止瓷砖因自重而下滑。

镶贴前应用废釉面砖抹上厚约8mm的水泥砂浆做灰饼，间距1.5mm左右，用拖线板、靠尺等挂直、校正平整度。

镶砖时，左手平托釉面砖（商标方位一致），右手拿灰铲，铲取粘贴浆打在釉面砖背面，分量要足够，用灰铲将灰平压向四边展开，薄厚适宜，四边灰用灰铲收刮，使其形状为"台形"，即完成打灰。

在所在镶贴的釉面砖打满灰后，随即进行贴砖，根据控制标志（拉线、灰饼），用指力按压，挤出水泥浆，用灰铲柄轻击砖面，使其吻合于控制标志，顺手割去多余的水泥浆。

铺贴非整砖时需要裁砖，裁砖时量画好线，用裁刀在线上划痕，掰开，裁开的砖片应即时贴上。

每贴完一皮砖，用靠尺套一下上口和釉面砖大面，不平直的地方及时修理。

（6）镶贴顺序

应从下往上，整行铺贴完后，应再用长靠尺横向校正一次。对高于灰饼的釉面砖，可轻轻敲击，使其平齐，而低于灰饼的釉面砖，则应取下重贴。

（7）擦缝

水泥浆会凝固，所以约1h就需清洗墙面一次，铺贴结束后，全面清洗一次。

铺贴结束后隔一天，用白水泥加水调成糊状水泥浆，用刮板将水泥浆往缝里刮满，溢出砖面者随手揩抹干净，最后换干净棉纱，擦出釉面砖的本色。

5. 饰面砖粘贴工程验收标准及方法

见6.3.4.1。

6. 成绩考核（表6-9）

表6-9　　　　　　　　　　　　饰面砖质量要求及评分标准

序号	测定任务	分项内容	满分	评定标准	检测点					得分
					1	2	3	4	5	
1	表面	平整	10	允许偏差2mm						
2	表面	整洁	20	污染每块扣2分，缝隙不洁每条扣1分						
3	立面	垂直	10	允许偏差2mm						
4	横竖缝	通直	20	大于2mm每超1mm扣2分						

续表

序号	测定任务	分项内容	满分	评定标准	检测点					得分
					1	2	3	4	5	
5	黏结	牢固	10	起壳每块扣 2 分						
6	缝隙	密实	10	缝隙不密实每处扣 2 分						
7	工艺	符合操作规范	10	错误无分,部分错递减扣分						
8	安全文明施工	无安全事故、善后清理现场	4	重大事故本任务不合格,一般事故扣 4 分,事故苗子扣 2 分,善后清理现场未做无分,清理不完全扣 2 分						
9	工效	定额时间	6	开始时间: 　　　　　结束时间:						

任务6.4　裱糊与软包工程施工

　　裱糊工程在我国有着悠久的历史。它是指采用壁纸、墙布等软质卷材裱贴于室内墙、柱、顶面及各种装饰造型构件表面的装饰工程。壁纸、墙布色泽和凹凸图案效果丰富，装饰效果好，选用相应品种或采取适当的构造做法后还可以使之具有一定的吸音、隔声、保温及防菌等功能；施工和维护更新也较为方便简易。因此，裱糊广泛使用于宾馆、酒店的标准房间及各种会议、展览与洽谈空间以及居民住宅卧室等，属于中高档建筑装饰。

　　软包工程是指用织物、皮革等作为墙、柱装饰饰面材料。软包饰面是现代新型高档装饰之一，具有柔软、吸音、保温、色彩丰富、质感舒适等特点，一般用于会议厅、多功能厅、录音室、娱乐厅及影剧院局部墙面等，如图6-39所示。

图6-39　软包装效果

6.4.1　裱糊工程

6.4.1.1　常用的材料与工具

　　（1）裱糊工程材料

　　裱糊工程的主要材料包括饰面的各种壁纸、墙布以及起黏结作用的各类胶黏剂等。

　　①常用壁纸和墙布种类：壁纸和墙布的种类很多，分类方式也多种多样。按外观装饰效果分，有印花壁纸、压花壁纸、浮雕壁纸等；按施工方法分，有现场刷胶裱糊、背面预涂压敏胶直接铺贴的。在习惯上一般将壁纸分为三类，即普通壁纸、发泡壁纸和特种壁纸，常见的有壁丝光缎面、钻石浮雕、亚光浮雕、幻彩变色龙，如图6-40所示，表6-10为常用壁纸的品种特点，表6-11为纸和墙布品种、特点及适用范围，表6-12为壁纸中的有害物质限量值。

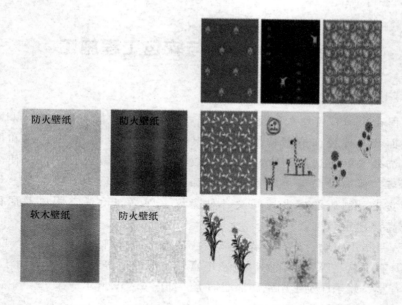

图 6 – 40　常用壁纸的品种图样

表 6 – 10　　　　　　　　　　　　　　　常用壁纸的品种特点

类别		说明	特点	适用范围
普通壁纸	单色压花壁纸	纸面纸基壁纸，有大理石、各种木纹及其他印花等图案	花色品种多，适用面广、价格低。可制成仿丝绸、织锦等图案	居住和公共建筑内墙面
	印花壁纸		可制成各种色彩图案，并可压出立体感的凹凸花纹	
特种壁纸	耐水壁纸	耐水壁纸是用玻璃纤维毡做基材的	有一定的防水功能	卫生间、浴室等墙面
	防火壁纸	选用 100 ~ 200g/m² 的石棉纸做基材，并在 PVC 涂塑材料中掺有阻燃剂	有一定的阻燃防火性能	防火要求较高的室内墙面
	彩色砂粒壁纸	彩色砂粒壁纸是在基材表面上撒布彩色砂粒，再喷涂胶黏剂	具有一定的质感，装饰效果好	一般室内局部装饰

表 6 – 11　　　　　　　　　　　纸和墙布品种、特点及适用范围

类别	说明	特点	适用范围
聚氯乙烯壁纸（PVC 塑料壁纸）	以纸或布为基材，PVC 树脂为涂层，经印花、压花、发泡等工序制成	具有花色品种多样、耐磨、耐折、耐擦洗、可选性强等特点，是目前产量最大、应用最广泛的一种壁纸。经过改进的、能够生物降解的 PVC 环保壁纸，无毒、无味、无公害	各种建筑物的内墙面及顶棚
织物复合壁纸	将丝、棉、毛、麻等天然纤维复合于纸基上制成	具有色彩柔和、透气、调湿、吸音、无毒、无味等特点，但价格偏高，不易清洗	饭店、酒吧等高级墙面点缀
金属壁纸	以纸为基材，涂覆一层金属箔制成	具有金碧辉煌、华丽大方、不老化、耐擦洗、无毒、无味等特点。金属箔非常薄，很容易折坏，基层必须非常平整洁净，应选用配套胶粉裱糊	公共建筑的内墙面、柱面及局部点缀
复合纸质壁纸	将双层纸（表纸和底纸）施胶层压、复合到一起后，再经印刷、压花、涂布等工艺制成	具有质感好、透气、价格较便宜等特点	各种建筑物的内墙面

表 6 – 12　　　　　　　　　　　壁纸中的有害物质限量值

有害物质名称		限量值 / （mg/kg）
重金属（或其他）元素	钡	＜1000
	镉	＜125
	铬	＜60
	铅	＜90
	砷	＜8
	汞	＜20
	硒	＜165
	锑	＜20
氯乙烯单体		＜1.0
甲醛		＜120

②常用胶黏剂：裱糊饰面工程施工常用的胶黏剂主要有聚乙烯醇缩甲醛胶（108 胶）、801 胶、聚醋酸乙胶黏剂（白乳胶）、SG81Q4 胶等，如图 6-41 所示。施工常用胶黏剂的特点及用途见表 6-13。

图 6-41　胶黏剂

表 6-13　　　　　　　　　　　　　裱糊饰面工程施工常用胶黏剂

胶的品种		主要性能特点	用途
108 胶		以聚乙烯醇与甲醛在酸性介质中进行缩合反应而得的一种透明水溶性胶体；其无臭、无毒、无味，具有良好的黏结性	可作为塑料壁纸、玻璃纤维粘贴墙布与墙面的胶黏剂；在水泥砂浆中加入适量的 108 胶及少量的颜料和添加剂，可涂刷、喷涂、滚涂于墙面，再喷罩甲基硅酸钠憎水剂，形成外墙饰面层；可做室内涂料的胶料，也可做室内地面涂层的胶料
801 胶		由聚乙烯醇与甲醛在酸性介质中进行缩聚反应后再经氨基化而成。无毒、无味、不燃、无刺激性气味，耐磨性、剥离强度等性能优于 108 胶	可以用于墙布、墙纸、瓷砖及水泥制品等的粘贴，也可以当作地面、内外墙涂料的基料
白乳胶		醋酸与乙烯合成醋酸乙烯，再经乳液聚合而成的乳白色稠厚液体。其黏结强度较高、耐久性强、抗老化，可常温固化，固化快，配制使用方便	广泛用于黏结纸质品（墙纸），还可以作为水泥的增强剂，或作为防水涂料、木材的胶黏剂
SG8104 胶		一种白色的胶液，无臭、无毒、耐水、防潮性好，对温度、湿度变化适应性强，适合于顶棚黏结，涂刷方便，用量省，黏结力强	适用于水泥砂浆、混凝土、水泥石棉板、石膏板、胶合板等墙面的粘贴，特别适用于纸基塑料壁纸的粘贴
粉末壁纸胶	BJ8504 胶	粘贴壁纸不剥离，边角不翘起，黏结力很强，黏结速度很快。其防潮性能好，可以在室温及湿度为 85% 的情况下，3 个月不翘边、不鼓泡	特别适用于纸基塑料壁纸的粘贴
	BJ8505 胶	其初始黏结力优于 108 胶、BJ8504 胶，刮腻子砂浆面的干燥时间为 3h，在油漆和桐油面上的干燥时间为 2d	特别适用于纸基塑料壁纸的粘贴，除了可以用于水泥抹灰、石膏板、木板等墙面外，还可以用于油漆及刷的墙面

（2）裱糊类饰面常用施工工具

剪刀、裁刀、刮板、油灰铲刀、裱糊刷辊筒、钢卷尺、针筒、钢直尺、砂纸机、粉线包以及裁纸工作台。

6.4.1.2 裱糊工程施工

（1）裱糊工程施工工艺流程

基层处理→防潮处理→弹线分块→壁纸预处理→涂刷胶黏剂→裱糊壁纸→细部处理

裱糊的主要工序见表 6-14。

表 6-14　　　　　　　　　　　裱糊的主要工序

项次	工序名称	抹灰面混凝土				石膏面				木料面			
		复合壁纸	PVC壁纸	墙布	有背胶壁纸	复合壁纸	PVC壁纸	墙布	有背胶壁纸	复合壁纸	PVC壁纸	墙布	有背胶壁纸
1	清扫基层、填补缝隙、磨砂纸												
2	接缝处糊条												
3	找补腻子、磨平									G			G
4	满刮腻子、磨平	G	G										
5	涂刷涂料一遍												
6	涂刷底收一遍	G	G							G			
7	墙面划准线	G	G							G			G
8	壁纸浸水润湿		G							G			G
9	壁纸涂刷胶黏剂	G											
10	基层涂刷胶黏剂	G	G							G			
11	纸上墙、裱糊	G	G							G			G
12	拼缝、搭接、对花	G	G							G			G
13	赶压胶黏剂、气泡	G	G							G			G
14	裁边		G										
15	擦净挤出的胶液	G	G							G			G
16	清理修整									G			G

注：①不同材料的基层相接处应糊条。混凝土表面和抹灰表面必要时可增加满刮腻子的次数。"裁边"工序是在裱糊宽度较大（920、1000、1100mm 等）需重叠对花的 PVC 压延壁纸时进行的工艺。

②G 表示不一定做此工序。空白处表示必须做此工序。

（2）裱糊工程基层处理工艺

裱糊工程的基层，要求坚实牢固，表面平整光洁，不疏松起皮，不掉粉，无砂粒、孔洞、麻点和飞刺，否则壁纸就难以贴平整。此外，墙面应基本干燥，不潮湿发霉，含水率低于 5%。经防潮处理后的墙面，可减少壁纸发霉现象和受潮起泡脱落现象。可以说基层处理质量的好坏，直接关系到壁纸的裱糊质量。不同的基层处理方法见表6-15。

表 6－15　　　　　　　　　　　　　　　裱糊基层处理方法

类别	基层处理方法
混凝土处理	（1）对于混凝土面、抹灰面（水泥砂浆、水泥混合砂浆、石灰砂浆等）基层，应满刮腻子一遍并用砂纸磨平； （2）如基层表面有气孔、麻点、凸凹不平时，应增加满刮腻子和磨砂纸的遍数。刮腻子之前，须将混凝土或抹灰面清扫干净。刮腻子时要用刮板有规律地操作，一板接一板，两板中间再顺一板，要衔接严密，不得有明显接茬和凸痕。宜做到凸处薄刮，凹处厚刮，大面积找平。腻子干后打磨砂纸、扫净； （3）需要增加满刮腻子数的基层表面，应先将表面的裂缝及坑洼部分刮平，然后砂纸打磨、扫净，再满刮腻子和打扫干净，特别是对阴阳角、窗台下、暖气包、管道后及踢脚板连接处等局部，需认真检查修整
抹灰基层处理	（1）对于整体抹灰基层，应按高级抹灰的工艺施工，操作工序为：阴阳角找方→设置标筋→分层擀平→修整表面压光； （2）如果基层表面抹灰质量较差，在裱糊墙纸时，要想获得理想的装饰效果，必须增加基层刮腻子的工作量； 在抹灰层的质量方面，最主要的是表面平整度，用 2m 靠尺检查，应不大于 2mm； 基层抹灰材料如果是麻刀灰、纸筋灰、石膏灰一类的罩面灰，其熟化时间不应少于 30d，同时也须注意面层抹灰的厚度，经擀平压实后，麻刀灰厚度不得大于 3mm，纸筋灰、石灰膏的厚度不得大于 2mm，否则易产生收缩裂缝； （3）罩面灰基层在阳角部位宜用高标号砂浆做成护角，以防磕碰，否则局部被损需大面积变换壁纸，比较麻烦
木质基层	木基层要求接缝不显接茬，不外露钉头。接缝、钉眼须用腻子补平并满刮腻子一遍，用砂纸磨平； 如果吊顶采用胶合板，板材不宜太薄，特别是面积较大的厅、堂吊顶，板厚宜在 5mm 以上，以保证刚度和平整度，有利于墙纸裱糊质量； 木料面基层在墙纸裱糊之前应先涂刷一层涂料，使其颜色与周围裱糊面基层颜色一致
石膏板基	在有纸面石膏板上裱糊塑料墙纸，需板面先用油性石膏腻子找平，板材的面层接缝处应使用嵌缝石膏腻子及穿孔纸带（或玻璃纤维网格胶带）进行嵌缝处理； 在无纸面石膏板上做墙纸裱糊，其板面应先刮一遍乳胶石膏腻子，以保证石膏板面与墙纸的黏结强度
旧墙基	旧墙基层裱糊墙纸，最基本的要求是平整、洁净、有足够的强度并适宜与墙纸牢固粘贴。对于凹凸不平的墙面要修补平整，然后清理旧的浮松油污、砂浆粗粒等，以防止裱糊面层出现凸泡与脱胶等质量弊病；同时要避免基层颜色不一致，否则将影响易透底的墙纸粘贴后的装饰效果

在基层处理时还应注意以下几个方面。

①安装于基层上的各种控制开关、插座、电气盒等凸出的设置，应先卸下扣盖等影响裱糊施工的部分。

②各种造型基面板上的钉眼，应用油性腻子填补，防止隐蔽的钉头生锈时锈斑渗出而影响裱糊的外观。

③为防止壁纸受潮脱落，基层处理经检验合格后，即采用喷涂或刷涂的方法施涂封底涂料，做基层封闭处理一般不少于两遍。封底涂刷不宜过厚，并要均匀一致。

④封底涂料可采用涂饰工程使用的成品乳胶底漆，在相对湿度较大的南方地区或室

内易受潮部位，可采用酚醛清漆或光油/汽油（或松节油）＝1:3（质量比）混合后进行涂刷；在干燥地区或室内通风干燥部位，可采用适度稀释的聚醋酸乙烯乳液涂刷于基层即可。

（3）裱糊操作方法

①弹线：为了使裱糊饰面横平竖直、图案端正。每个墙面第一幅壁纸墙布都要挂垂线找直，作为裱糊的基准标志线，自第二幅起，先上端后下端对缝依次裱糊，以保证裱糊饰面分幅一致并防止累积歪斜。对于图案型式鲜明的壁纸墙布，为保证做到整体墙面图案对称，应在窗口横向中心部位弹好中心线，由中心向两边分线；如果窗口不在中间位置，为保证窗间墙的阳角处图案对称，可在窗间墙弹中心线，然后由此中心线向两侧分幅弹线。对于无窗口的墙面，可以选择一个距离窗口墙面较近的阴角，在距壁纸墙布幅宽50mm处弹垂线。

②裁割下料：墙面或顶棚的大面裱糊工程，原则上应采用整幅裱糊。根据弹线找规矩的实际尺寸，在裁割时，要根据材料的规格及裱糊面的尺寸统筹规划，并按裱糊顺序进行分幅编号。壁纸、墙布的上下端宜各自留出20～30mm的修剪余量；对于花纹图案较为具体的壁纸墙布，要事先明确裱糊后的花饰效果及其图案特征，应根据花纹图案和产品的边部情况，确定采用对口拼缝或是搭口裁割拼缝的具体拼接方式，应保证对接无误，如图6-42所示。

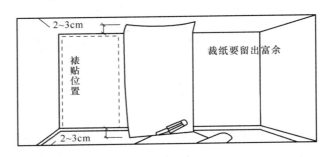

图6-42 裁纸

③浸水润纸：对于裱糊壁纸的事先湿润，传统称为闷水，这是针对纸胎的塑料壁纸的施工工序。对于玻璃纤维基材及无纺贴墙布类材料，遇水后无伸缩变形，不需要进行湿润，而复合纸质壁纸则严禁进行闷水处理。

特别提示

聚氯乙烯塑料壁纸遇水或胶液浸湿后即膨胀，需5～10min胀足，干燥后又自行收缩，掌握和利用这一特性是保证塑料壁纸裱糊质量的重要环节。

闷水处理的一般做法是将塑料壁纸置于水槽中浸泡2～3min，取出后抖掉多余的水，静置10～20min，然后再进行裱糊操作。

对于金属壁纸，在裱糊前也需要进行适当的润纸处理，但闷水时间应当短些，即将其浸入水槽中1～2min取出，抖掉多余的水，静置5～8min，然后再进行裱糊操作。

④涂刷：壁纸墙布裱糊胶黏剂的涂刷应薄而均匀，不得漏刷；墙面阴角部位应增刷胶黏剂1～2遍。对于自带背胶的壁纸，则无须再使用胶黏剂。

根据壁纸、墙布的品种特点，胶黏剂的施涂分为在壁纸墙布的背面涂胶、在被裱糊基层上涂胶，以及在壁纸墙布的背面和基层上同时涂胶。

特别提示

　　基层表面的涂胶宽度要比壁纸、墙布宽出 20 ~ 30mm；胶黏剂不要施涂过厚而裹边或起堆，以防粘贴施胶液溢出太多而污染糊糊饰面，但也不可涂刷过少，涂胶不能均匀到位会造成裱糊面起泡、起壳、黏结不牢。

　　⑤裱糊：裱糊的基本顺序：先垂直面，后水平面；先细部，后大面；先保证垂直，后对花拼缝；垂直面先上后下，先长墙面，后短墙面；水平面是先高后低。裱糊时，应根据分幅弹线和壁纸墙布的裱糊顺序编号，离窗口处较近的一个阴角部位开始，依次至另一个阴角收口，如图 6 - 43 所示。

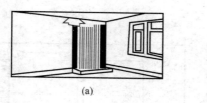

图 6 - 43　壁纸裱糊操作示意图
（a）对准墙面上端　　（b）向外赶气泡

　　对于无图案的壁纸墙布，接缝处可采用搭接法裱糊。相邻的两幅在拼连处，后贴的一幅搭压前一幅，重叠 30mm 左右，然后用钢尺或合金铝直尺与裁纸刀在搭接重叠范围的中间将两层壁纸墙布割透，随即把切掉的多余小条扯下，如图 6 - 44 所示。

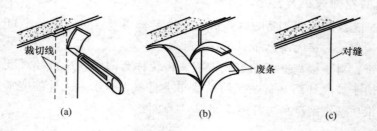

图 6 - 44　搭缝裁切
（a）搭接裁切　　（b）揭去废条　　（c）复位对缝

　　裱糊拼缝对齐后，要用薄钢片刮板或胶皮刮板自上而下地进行抹刮，较厚的壁纸必须用胶辊滚压，如图 6 - 45 所示。

　　对于有图案的壁纸墙布，为确保图案的完整性及其整体的连续性，裱糊时可采用拼接法。先对花，后拼缝，从上至下图案吻合后，用刮板斜向刮平，将拼缝处擀压密实拼缝。

　　⑥细部处理：

　　a. 阴阳角处理　　为了防止在使用时由于被碰、

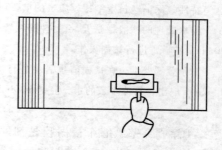

图 6 - 45　胶辊滚压

划而造成壁纸墙布开胶，裱糊时不可在阳角处甩缝，应包过阳角不小于20mm，如图6-46（a）所示。阴角处搭接时，应先裱糊压在里面的壁纸或墙布，再裱贴搭在上面者，一般搭接宽度为20~30mm；搭接宽度尺寸不宜过大，否则其褶痕过宽会影响饰面美观，如图6-46（b）所示。主要装饰面造型部位的阳角采用搭接时，应考虑采取其他包角、封口形式的配合装饰措施，由设计确定

b. 墙面凸出物部分处　遇有基层卸不下的设备或附件，裱糊时可在壁纸墙布上剪口。方法是将壁纸或墙布轻糊于裱贴面凸出物件上，找到中心点，从中心点往外呈放射状剪裁，如图6-47所示，再使壁纸墙布舒平，用笔描出物件的外轮廓线，轻手拉起多余的壁纸墙布，剪去不需要的部分，如此沿轮廓线套割贴严，不留缝。

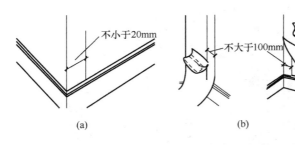
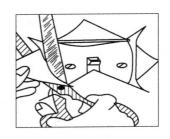

图6-46　阴阳角处理

（a）阳角贴法　（b）阴角贴法

图6-47　墙面凸出物部分处

6.4.2　软包工程施工

软包工程效果如图6-48所示。

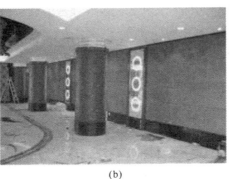

（a）　　　　　　　　　　　　　　（b）

图6-48　软包工程施工效果

（a）宴会大厅　（b）娱乐中心

6.4.2.1　施工准备

（1）材料准备及要求

①木骨架、木基层材料：木骨架一般采用（30~50）mm×50mm断面尺寸的木方条，

木龙骨钉于预埋防腐木砖或钻孔打入的木楔上。木砖或木楔的位置，即龙骨排布的间距尺寸，可在 400～600mm 单向或双向布置范围调整，按设计图纸的要求进行分格安装，龙骨应牢固地钉装于木砖或木楔上。

基层板一般采用胶合板。满铺满钉于龙骨上，要求钉装牢固、平整。

②软包芯材材料：软包墙面芯材材料通常采用轻质不燃多孔材料，如玻璃棉、超细玻璃棉、自熄型泡沫塑料、矿渣棉等，如图 6-49 所示。

图 6-49 常用软包材料

③面层材料：软包墙面的面层必须采用阻燃型高档豪华软包面料，如各种人造革和各种豪华装饰布。凡未经阻燃处理的软包面料，均不得使用。

（2）软包墙面处理

通常按木龙骨的分档尺寸，在建筑墙面上弹出分隔线。

（3）建筑墙面防潮处理

在已做好装饰基层抹灰的建筑墙上，均匀地满涂 3～4mm 防水建筑胶粉防潮层一道，须三遍成形。

6.4.2.2 软包工程施工工艺

软包装饰工程的饰面有两种常用做法，一是固定式软包，二是活动式软包。固定式软包适宜于较大面积的饰面工程，活动式软包适用于小空间的墙面装饰。

软包饰面工程一般由骨架、木基层、软包层等组成，其施工主要工艺流程如下：

基层处理→弹线、设置预理块→装钉木龙骨→基层板铺钉→墙面软包

（1）固定软包

固定式做法一般采用木龙骨骨架，铺钉胶合板基层板，按设计要求选定包面材料，钉装于基层衬板上并填充矿棉、岩棉或玻璃棉等软质材料。

①弹线、预制木龙骨架：用吊垂线法、拉水平线及尺量的办法，借助 50cm 水平线，

确定软包墙的厚度、高度及打眼位置等，采用凹槽榫工艺，制成木龙骨框架。做成的木龙骨架应刷涂防火漆。

②钻孔、打入木楔：孔眼位置在墙上弹线的交叉点，孔距600mm左右，孔深60mm，用冲击钻头钻孔。木楔经防腐处理后，打入孔中，塞实塞牢。

③防潮层：在抹灰墙面涂刷冷底子油或在砌体墙面、混凝土墙面铺沥青油毡或油纸做防潮层。冷底子油要满涂、刷匀、不漏涂，铺油纸要满铺、铺平、不留缝。

④装钉木龙骨：将预制好的木龙骨架靠墙直立，用水准尺找平、找垂直，用钢钉钉在木楔上，边钉边找平，找垂直。凹陷较大处应用木楔垫平钉牢。

⑤安装基层板：木龙骨固定合格后，即可铺钉基层板。基层板一般采用5层胶合板，用气钉枪将基层板钉在木龙骨上。从板中向两边固定，接缝应在木龙骨上且钉头没入板内，使其牢固、平整。基层板在铺钉前，应先在其板背涂刷防火涂料，涂满、涂匀。

⑥面板安装：软包饰面板（皮革或人造革）的固定式做法，可选择成卷铺装或分块固定等不同方式，如图6-50所示；此外，还有压条法、平铺泡钉压角法等其他做法，由设计选用确定。

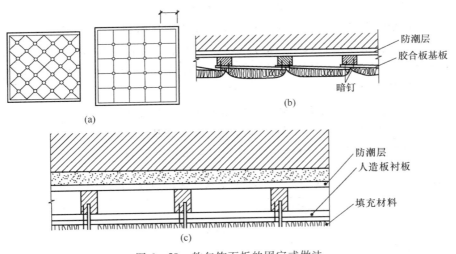

图6-50　软包饰面板的固定式做法
（a）饰面分隔示意　（b）分块固定安装　（c）剖面图

（2）活动式软包

木基层的做法与固定式软包相同，下面我们主要介绍软包块的制作和拼装。

按软包分块尺寸裁九厘板400~600mm，并将4条边用刨刨出斜面，刨平。以规格尺寸大于九厘板50~80mm的织物面料和泡沫塑料块置于九厘板上，将织物面料和泡沫塑料沿九厘板斜边卷到板背，在展平顺后用钉固定。固定好一边，再展平铺顺拉紧织物面料，将其余三条边都卷到板背固定，为了使织物面料经纬线有顺，固定时宜用码钉枪打码钉，码钉间距不大于30mm。在木基层上按设计图画线，标明软包预制块及装饰木线（板）的位置。将软包预制块用塑料薄膜包好（成品保护用），镶钉在墙、柱面做软包的位置。用气枪钉钉牢。在墙面软包部分的四周用木压线条、盖缝条及饰面板等做装饰处理，这一部分材料可先于装软包预制块做好，也可以在软包预制块上墙后制作。

特别提示

软包预制块镶钉时，每钉一颗钉用手抚扯一下织物面料，使软包面既无凹陷、起皱现象，又无钉头挡手的感觉。连续铺钉的软包块，接缝要紧密，下凹的缝应宽窄均匀、一致且顺直。

6.4.3 裱糊工程质量标准与通病防治

（1）一般规定

①裱糊与软包工程验收时应检查相关文件和记录。

②各分项工程的检验批应按相关规定划分。

③检查数量应符合相关规定。

④裱糊前，基层处理质量应达到要求。

（2）裱糊前基层处理质量要求

①新建筑物的混凝土或抹灰基层墙面在刮腻子前应涂刷抗碱封闭底漆。

②旧墙面在裱糊前应清除疏松的旧装修层，并涂刷界面剂。

③混弹簧土或抹灰基层含水率不得大于8%；木材基层的含水率不得大于12%。

④基层腻子应平整、坚实、牢固，无粉化、起皮和裂缝；腻子的黏结强度应符合《建筑室内用腻子》（JG/T3049）N 型的规定。

⑤基层表面平整度、立面垂直度及阴阳角方正应达到高级抹灰的要求。

⑥基层表面颜色应一致；裱糊前应用封闭底胶涂刷基层。

裱糊与软包工程控制要点及检验方法见表 6 - 16、表 6 - 17。

表 6 - 16　　　　　裱糊与软包工程主控任务质量要求及检验方法

任务	质量要求	检验方法
裱糊工程	壁纸、墙布的种类、规格、图案、颜色和燃烧性能等级必须符合设计要求及国家现行标准的有关规定	观察；检查产品合证书、进场验收记录和性能检测报
	裱糊后各幅拼接应横平竖直，拼接处花纹、图案应吻合，不离缝，不搭接，不显拼缝	观察；拼缝检查距离墙面1.5m处正视
	壁纸、墙布应粘贴牢固，不得有漏贴、补贴、脱层、空鼓和翘边	观察、手摸检查
软包工程	软包面料、内衬材料及边框的材质、颜色、图案、燃烧性能等级和木材的含水率应符合设计要求及国家现行标准的有关规定	观察；检查产品合格证书、进场验收记录和性能检测报告
	软包工程的安装位置及构造做法应符合设计要求	观察；尺量检查；检查施工记录
	龙骨、衬板、边框应安装牢固，无翘曲，拼缝应平直	观察、手模检查
	单块软包面料不应有接缝，四周应绷压严密	观察、手模检查

表 6 - 17   裱糊与软包工程一般任务质量要求及检验方法

任务	质量要求	检验方法
裱糊工程	裱糊后的壁纸、墙布表面应平整，色泽应一致，不得有波纹起伏、气泡、裂缝、皱褶及斑污，斜视时应无胶痕	观察、手摸检查
	复合压花壁纸的压痕及发泡壁纸的发泡层应无损坏	观察
	壁纸、墙布与各种装饰线、设备线盒应交接严密	观察
	壁纸、墙布边缘应平直整齐，不得有纸毛、飞刺	观察
	壁纸、墙布阴角处搭接应顺光，阳角处应无接缝	观察
软包工程	软包工程表面平整、洁净、无凹凸不平及皱折；图案应清晰、无色差，整体应协调美观	观察
	软包边框应平整、顺直、接缝吻合。其表面涂饰质量应符合的有关规定	观察；手模检查
	清漆涂饰木制边框的颜色、木纹应协调一致	观察

软包工程安装的允许偏差和检验方法见表 6 - 18。

表 6 - 18   软包工程安装的允许偏差和检验方法

序号	项目	允许偏差	检验方法
1	垂直度	3	用 1m 垂直检测尺检查
2	边框宽度、高度	0, -2	用钢尺检查
3	对角线长度差	3	用钢尺检查
4	裁口、线条接缝高低差	1	用钢直尺和塞尺检查

（3）质量控制点

①壁纸、墙布应整洁、图案清晰，符合现行我国壁纸规定。

②壁纸、墙布的图案、品种、色彩等应符合设计要求，并应附有产品合格证。

③运输和贮存时，壁纸和墙布均不得日晒雨淋；压延壁纸和墙布应平放；发泡壁纸和复合壁纸则应竖放。

④裱糊工程基体或基层表面的质量应符合结构质量验收标准。

⑤裱糊前，应将基体或基层表面的污垢、尘土清除干净，不得有飞刺、麻点、砂粒和裂缝，阴阳角应顺直。

⑥对于附着牢固、表面平整的旧溶剂型涂料墙面，裱糊前应打毛处理。

⑦裱糊前，应将突出基层表面的设备或附件卸下，钉帽应进入基层表面，并刷防锈

涂料，钉眼用涂料腻子填平。

⑧墙面应采用整幅裱糊，并统一预排对花拼缝。不足一幅的应裱糊在较暗或不明显的部位，阴角处接缝应搭接，阳角处不得有接缝，包角应压实。

⑨胶黏剂应控制黏结时间。

⑩裱糊好的壁纸、墙布压实后，应将挤出的胶黏剂及时擦净，表面不得有气泡、斑污等。

 ## 项目小结

本项目是学习建筑装饰施工课程应首先具备的基础知识和理论，也是全书的重点内容之一。掌握和了解这些性质对于认识、研究和应用建筑装饰施工具有极为重要的意义。

通过学习，使学生掌握不同的墙体基层抹灰时规范的操作步骤、不同抹灰材料操作时规范的操作步骤和注意事项；并熟悉国家和地方对各类抹灰分项工程的质量验收标准。通过学习涂饰工程的施工，培养学生的动手能力，让学生掌握涂饰工程的施工方法、外墙涂饰工程施工、内墙涂饰工程施工的特点，为今后生产实践及后继课程的学习打好基础。

 ## 习题

1. 抹灰的基本层次有哪些？各层的主要作用有哪些？
2. 简述内墙抹灰的施工工艺及操作要点。
3. 装饰抹灰有哪些种类？
4. 抹灰的质量要求有哪些？
5. 列举涂饰工程的施工方法。
6. 简述外墙涂饰工程的施工工艺。
7. 简述内墙涂饰工程施工工艺。

项目七　墙柱面镶板饰面施工

 教学目标

通过本项目的学习，熟悉墙柱面镶板饰面工程的内容、分类及施工程序，能够正确选择和使用墙柱面镶板饰面工程的各种材料，掌握装饰施工的工艺流程及操作要点，熟悉装饰施工过程的检查任务和质量标准，以及对墙柱面镶板饰面工程中的质量进行有效控制的方法。

 教学要求

能力目标	知识要点	权重	自测分数
掌握木龙骨镶板施工的要点	木龙骨镶板施工的概念	5%	
	木龙骨镶板的种类	10%	
	木龙骨镶板施工的原理及方法	15%	
	木龙骨镶板施工的质量要求	5%	
掌握墙柱软包饰面施工的要点	墙柱软包饰面的特点及作用	5%	
	墙柱软包饰面施工的原理及方法	10%	
	墙柱软包饰面施工的质量要求	5%	
掌握轻钢龙骨板饰面施工的要点	轻钢龙骨板饰面的种类及优点	5%	
	轻钢龙骨板饰面施工的原理及方法	15%	
	轻钢龙骨板饰面施工的质量要求	5%	
掌握金属板柱饰面施工的要点	金属板柱饰面施工的特点	5%	
	金属板柱饰面施工的原理及方法	10%	
	金属板柱饰面施工的质量要求	5%	

项目导读

墙柱面镶板饰面是指用竹木及其制品、石膏板、矿棉板、玻璃、薄金属板材等材料制成的饰面板，通过镶、钉、拼、贴等施工方法构成墙面饰面。

镶板类饰面的特点：

①装饰效果丰富。不同的饰面板，因材质不同，可以达到不同的装饰效果。如采用木条、木板做墙裙、护壁使人感到温暖、亲切、舒适、美观；还可以按设计需要加工木材成各种弧面或形体转折，若保持木材原有的纹理和色泽，则更显质朴、高雅；采用经过烤漆、镀锌、电化等处理过的铜、不锈钢等金属薄板饰面，则会使墙体饰面色泽美观，花纹精巧，装饰效果华贵。

②耐久性能好。根据墙体所处环境选择适宜的饰板材料，若技术措施和构造处理合理，墙体饰面必然具有良好的耐久性。

③施工安装简便。饰面板通过镶、钉、拼、贴等构造方法与墙体基层固定，虽然施工技术要求较高，但现场湿作业量少，安全简便。

 引例

现在的建筑装饰材料及家具市场上，经常都会见到一种叫作软包的装饰形式。因其质感有一定的弹性，叫作软包。

软包背景墙是墙面上的一种装饰，家庭用得比较多，如床头背景墙、电视背景墙、沙发背景墙等，如图7-1所示。软包背景墙使用的材料质地柔软，色彩柔和，能够柔化整体空间氛围，其纵深的立体感也能提升家居档次。以前，软包大多运用于高档宾馆、

图7-1 软包床头

会所、KTV、会议室等地方，在普通家庭装修中不多见。而现在，一些高档小区的商品房、别墅和排屋等在装修时也会大面积使用。

除了美化空间的作用外，更重要是的它具有阻燃、吸音、隔音、防潮、防霉、抗菌、防水、防油、防尘、防污、防静电、防撞等功能。

软包就其外观及性能而言，在现代装饰中具有极好的前景。作为建筑装饰行业的人员，须掌握好其构造原理及施工要点。软包就施工方式上来说，属于镶板饰面的一种。

 案例小结

现在流行的软包属于镶板饰面的一种，建筑装饰从业人员须掌握好其构造及施工要点，同时，镶板饰面随着面板的改变，可具有各种不同的装饰效果，在现代装饰装修中，其地位不可小视。

任务 7.1 墙柱面镶板饰面施工认知

墙柱面镶板饰面属于骨架铺装式饰面，骨架铺装式做法在室内装修的各个部位都有广泛的采用。内墙做法中的胶合板墙面、饰面板墙面装饰板墙面、石材饰面板墙面、塑铝板墙面、金属塑料皮革软包墙面、锦缎软包墙面等，顶棚做法中的各种面层材料的吊顶，以及楼（地）面做法中的有龙骨木地板楼（地）面、活动地板楼（地）面等，皆属于这种做法。下面分为四部分进行讲解：木龙骨镶板施工、墙柱软包饰面施工、轻钢龙骨板饰面施工、金属板柱饰面施工，如图7-2至图7-6所示。

图7-2 软包饰面

图7-3 木板饰面

图7-4 金属板饰面

图7-5 木龙

图7-6 轻钢龙骨

7.1.1 内墙做法

镶板饰面的内墙做法，是指采用各种材质的装饰板材，利用钉钉子、胶粘、自攻螺丝、螺栓连接等固定方式对墙面进行的装修处理。骨架铺装式装修所采用的材料或质感细腻，或美观大方，所以有很好的装饰效果。同时由于材料多系薄板结构或软质或多孔性材料，对改善室内音质效果也有一定的作用。一般多用于宾馆、大型公共建筑大厅如候机室、候车室及商场等处的墙面或墙裙的装修。这种方法属于在现有墙基础上进行装饰。

（1）骨架

骨架有木骨架和金属骨架之分。

①木骨架：由立筋和横档组成平面框架，借预埋在墙上的木砖固定到墙身上。立筋和横档的截面一般为 50mm×50mm。立筋和横档的间距应与装饰面板的长度和宽度尺寸相配合。

②金属骨架：一般采用冷轧薄钢板构成槽形截面，截面尺寸与木质骨架相近。

为了防止骨架以及装饰面板因受潮而损坏，应在立骨架之前，在修补抹平后的墙基上涂刷高聚物改性沥青涂膜防潮层或其他材料的防潮层。

（2）装饰面板

装饰面板的材质种类很多，铺装固定也有不同的方法。

①硬木条或硬木板装修：是将装饰性木条或凹凸型木板竖直铺钉在墙筋（立筋或横档）上，并在背面衬以胶合板，使墙面产生凹凸感，以丰富墙面。

②纸面石膏板、胶合板：直接用钉子钉固在木龙骨上。

纸面石膏板、软质纤维板等与金属骨架的连接主要靠自攻螺丝或预先用电钻打孔后用镀锌螺丝固定。而胶合板、纤维板等与金属骨架的连接主要靠自攻螺丝和膨胀铆钉进行固定。

③锦缎或装饰布软包墙面：是在固定好的纸面石膏板上点粘 10～15mm 厚的聚氨酯泡沫塑料，然后铺钉锦缎或装饰布及装饰条。

④皮革或人造革软包墙面：是在固定好的胶合板上满涂氟化钠防腐剂，点粘 10～15mm 厚聚氨酯泡沫塑料或玻璃棉毡，然后铺钉皮革或人造革面层及装饰条。

7.1.2 隔墙做法

隔墙属于非结构墙体，也就是说，隔墙不是建筑承载系统的组成部分，它既不承受建筑结构水平分系统传来的各种竖向荷载，也不承受风荷载、地震荷载等水平荷载，甚至连隔墙本身的自重荷载也不承受，而是由水平分系统的结构构件（楼板、梁、地坪结构层等）来承担。

隔墙的主要作用是分隔室内空间。

对于隔墙的要求，根据其所处位置的不同，除了要满足与结构墙体一样的保温、隔热、隔音、防火、防潮、防水等要求外，还应具有自重轻（以减轻对荷载的楼板、梁等构件的弯矩作用）以及与建筑结构系统的构件有良好的连接（以保证在各种荷载特别是水平荷载作用下建筑的整体性要求）的特征。骨架隔墙属于一种常用的隔墙类型，仍属于镶板饰面的一种。

骨架隔墙有木骨架隔墙和金属骨架隔墙两种，方法与内墙镶板饰面类似。

任务7.2　墙柱面镶板饰面施工

7.2.1　木龙骨镶板施工

墙面细部木构件的制作安装分为龙骨制作与安装、基层板制作与安装、饰面板的制作与安装。凡是由杆件组成的木构件均列为龙骨制作与安装类。

7.2.1.1　施工材料及工具、作业条件

（1）施工材料

饰面材料的种类很多，常用的有天然饰面材料和人工合成饰面材料两大类，如微薄木、实木板、人造板材、天然石材、饰面砖、合成树脂饰面板材和复合饰面板材等，还有不断出现的新材料出现。

施工前对材料有下列要求：

①已到场的饰面材料应进行数量清点核对。

②按设计要求进行外观检查。检查内容主要包括：进料与选定样品的图案、花色、颜色是否相符，有无色差；各种饰面材料的规格是否符合质量标准规定的尺寸和公差要求；各种饰面材料是否有表面缺陷或破损现象。

③检测饰面材料所含污染物是否符合规定。

特别强调的是，以上检查必须开箱进行全数检查，不得抽样或部分检查。因为大面积装饰贴面，如果其中一块不合格，就会破坏整个装饰面的效果。

（2）工具

常见的工具有钳子、锯、电钻、钢锤、手推刨等。

（3）作业条件

①主体结构已经验收并确认合格，同时墙面饰面施工的上层或屋面应已经完工且不漏水，全部饰面材料按计划数量验收入库。

②底中层抹灰（或找平层）已做完，抹灰面大面积底糙（麻面）完成，基层经自检、互检、交验，墙面平整度和垂直度合格。

③突出墙面的钢筋头、钢筋混凝土垫块、梁头已剔平，脚手洞眼已封堵完毕。

④水暖管道经检查无漏水，试压合格；电管埋设完毕，壁上灯具支架做完。

⑤门窗框及其他木制、钢制、铝合金预埋件按正确位置预埋完毕，标高符合设计要求。配电箱等嵌入件已嵌入指定位置，周边用水泥砂浆嵌固完毕，扶手栏杆装好。

7.2.1.2　墙面木骨架施工

墙面木骨架是木制作安装的基础，如洞口封闭、包柱、各种平面和叠级造型等，均需按设计尺寸首先用木骨架制作出基本造型，像人体骨骼一样，起到支撑和造型的基本

作用。

（1）施工工艺

墙面木骨架安装的施工工艺流程如下：

墙内预埋防腐木砖或打孔→用建筑多用胶预埋圆木砖（直径不小于50mm）→弹线（检查平整度、垂直度）→铺防潮层→钉墙筋→调平

（2）施工要点

墙面安装罩面板，无论是整体罩面、墙裙或门窗洞口筒子板等，都应按设计要求的位置，在墙体结构施工时，预先埋入经过防腐处理的木砖，中距一般为500mm，以便固定墙筋。墙筋的间距应按罩面板的长、宽规格尺寸安装，一般宜在400～600mm。墙筋与罩面板的接触面应刨光，并应涂刷防腐剂。

结构施工时，如没有预埋防腐木砖，砖墙可打孔埋圆木砖。方法是先用电锤钻孔，孔径不小于50mm，深度不小于100mm。然后将圆木砖用建筑多用胶塞紧，圆木砖间距应在600mm以下。将突出墙面的木砖锯平，然后安装墙筋。

对于混凝土墙，可用电锤钻孔后，下$\Phi6$mm的膨胀螺栓，其间距为800mm左右，然后在墙筋一上按螺栓位置钻孔。安装墙筋的螺栓端头应沉入墙筋下5mm，也可采用螺纹射钉固定墙筋。在墙筋安装前，先在墙上弹线分格。墙筋与墙体接触面要垫实，表面要平整，靠墙的一面一般应干铺一层油毡防潮。先安装墙上下端两行墙筋，用长托线板或线锤将上下端两行墙筋端筋靠平吊垂直后，用钉子将墙筋与木砖钉牢。以此为依据，再安装其他各行墙筋，使墙筋表面在同一个垂直面上，以确保罩面板安装时接缝平整，表面垂直。

7.2.1.3 墙面基层及饰面板施工

（1）木质饰面板施工

胶合板、刨花板、密度板及细木工板等常用作基层板。由于防火等级的提高，现在必须使用阻燃型（又名难燃型）两面刨光的一级胶合板。安装胶合板的基体表面，如用油毡、油纸防潮时，应铺设平整，搭接严密，不得有皱褶、裂缝和透孔等。

胶合板用钉子固定时，其钉距不能过大，以防止铺钉的胶合板不牢固而出现翘曲、起鼓等现象。钉距为80～150mm，钉长为20～30mm，钉帽不得外露，以防生锈。要求钉帽打扁并进入板面0.5～1mm，钉眼处用油性腻子抹平。胶合板应在木龙骨上接缝，如设计为明缝且缝隙设计无规定时，缝宽以3～5mm为宜，以便适应面板可能发生的微量伸缩。缝隙可做成方形，也可做成三角形。如缝隙无压条，则木龙骨正面应刨光，以使看缝美观。当装饰要求高时，接缝处可钉制木压条或嵌金属压条，如图7-7所示。墙面安装胶合板时，其阳角处应覆盖胶合板或做护角，以防止板边棱角损坏，并能增强装饰效果，护角可采用如图7-8所示的形式。

墙板安装胶合板，其阴角处应安装装饰木压条，以增强装饰效果；如不安装木压条则应使看面不露板边，如图7-9所示。细木工板等其他人造板的施工方法与胶合板的施工方法基本相同，只不过因为板厚差异较大，故在钉结时应选择长度合适铁钉或气钉进行施工。

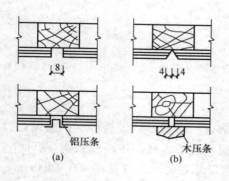

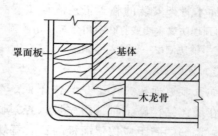

图 7-7　人造板镶板嵌缝　　　　　图 7-8　阳角护角
（a）接缝处钉制铝压条　（b）接缝处钉制木压条

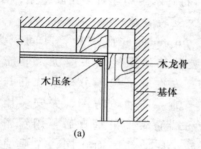

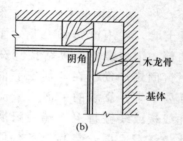

图 7-9　阴角处理
（a）安装木压条　（b）不安装木压条

（2）微薄木饰面板

①微薄木装饰板的特点：微薄木装饰板又名薄木皮装饰板，是将薄木皮复合于胶合板或其他人造板上加工而成。微薄木装饰板有一般及拼花两种。旋切者纹理均系弦向，花纹粗大，变化多端，但表面裂纹较大；刨切者纹理排列有序，色泽统一，表面裂纹小，易于拼接。这种装饰木纹逼真，真实感强，美观大方，施工方便。

②施工工艺：微薄木装饰板的施工一般是在基层木骨架和基层衬板完工后进行的。其工艺流程如下：

墙体表面处理→防水层（防潮层）→钉基层木龙骨及衬板→检查墙体边线→选板→微薄木装饰板翻样、试拼、下料、编号→饰面板安装→检查、修整→封边→漆面

a. 墙体表面处理　将墙体表面的灰尘、污垢、浮砂、油渍、垃圾、溅沫及砂浆流痕等清除干净，并洒水湿润。凡有缺棱掉角之处，应用聚合物水泥砂浆修补完整。混凝土墙如有空鼓、缝隙、蜂窝、孔洞、麻面、露筋、表面不平或接缝错位之处，均须妥善修补。

b. 墙体表面涂防潮（水）层　墙体表面满涂防水层一道。须涂刷均匀，不得有厚薄不均及漏涂之处。防潮层应为 5~10mm 厚，至少三遍成形，须尽量找平，以便兼做找平层用。

c. 钉木龙骨及基层衬板　采用 30mm×50mm 或 40mm×60mm 的木龙骨（正面刨光），

也可以采用人造板条（如细木工板等，其优点是板材厚度一致且不需要刨削加工）作为木骨架材料进行施工。术骨架需满涂防腐剂一道，防火涂料三道，按中距双向钉于墙体内预埋防腐木砖之上（或直接用射钉固定）。龙骨与端面之间有缝隙之处，须以防腐木片（或木块）垫平垫实。

d. 检查墙体边线　墙体阴阳角及上下边线是否平直方正，关系到微薄木装饰板的装修质量，因微薄木装饰板各边下料平直为正，如墙体边线不平直方正，则将造成装饰板"走形"现象而影响装修质量。

e. 选板　根据具体设计的要求，对微薄木装饰板进行花色、质量、规格的选择，并一一归类。所有不合格未选中的装饰板，应送离现场，以免混淆。

f. 微薄木装饰板翻样、试拼、下料及编号　将微薄木装饰板按建筑内墙装修具体设计的规格、花色和具体位置等，绘制施工大样详图，大样要试拼（并严格注意木纹图案的拼接）、下料、编号、校正尺寸及四角套方。下料时须根据具体设计对微薄木装饰板拼花图案的要求进行加工，锯切时须特别小心，锯路要直，须防止崩边，并须预留 2~3mm 的刨削余量。刨削时须非常细致，一般可将数块微薄木装饰板叠放于两块木板中间，露出应刨部分，用夹具将木板夹住，然后十分谨慎地缓缓刨削，直至刨到夹木边沿为止。刨刀须锋利，用力要均匀，每次刨削量要小，否则微薄木装饰板表面在边口处易崩边脱落，致使板边出现缺陷，影响装修美观。上述加工完毕经检查合格后，将微薄木装饰板一一编号备用。

g. 安装微薄木装饰板

ⓐ上述工序完成后，须将木龙骨表面及微薄木装饰板背面加以清理。凡有灰尘、钉头、硬粒及杂屑之处，均须清理干净。粘贴前对全部龙骨再次检查、找平，如龙骨表面装饰板背面仍有微小凹陷之处，可用油性腻子补平，凸处用砂纸打磨。

ⓑ微薄木背面满涂氟化钠防腐剂一道、防火涂料三道。须涂刷均匀，不得有漏涂之处。

ⓒ根据试拼时的编号弹线，在墙面龙骨上将微薄木装饰板的具体位置一一弹出。弹线必须准确无误，横平竖直，不得有歪斜或错位之处。

ⓓ在微薄木装饰板背面与木龙骨粘贴之处以及木龙骨上满涂一层胶黏剂，胶黏剂应根据微薄木装饰板所用的胶合板底板的品种而定（或用不受板品种影响的胶）。涂胶须薄而均匀，不得有厚薄不均及漏胶之处。胶中严禁有任何屑粒、灰尘及其他杂物。

ⓔ根据微薄木装饰板的编号及龙骨上的弹线，将装饰板顺序上墙，就位粘贴。粘贴时须注意拼缝对口、木纹图案拼接等，不得疏忽。接缝对口越少越好，最好用装饰板原来板边对口（因原边较平直，且无崩边缺口现象），并使对口拼缝尽可能安装在不显眼处（如在墙面 500mm 以下或 2000mm 以上等处）。阴阳角处的对口接缝，侧边必须非常平直（最好用装饰板原边对口），不得有歪斜、不平、不直之处。每块微薄木装饰板上墙就位后，须用手在板面上（龙骨处）均匀按压，随时与相邻各板调直，并注意使木纹纹理与相邻各板拼接严密、对称、正确，符合设计要求。粘贴完后用净布将挤出的胶液擦净。

h. 检查、修整　全部微薄木装饰板安装完毕，须进行全面找平及严格的质量检查。凡有不平、不直、对缝不严、木纹错位以及其他与质量标准不符之处，均应彻底纠正、修理。

i. 封边、收口 根据具体设计采用适合的封边材料和封边线角进行封边、收口施工。

j. 漆面 根据具体设计要求进行漆面,并须严格保证质量(如产品表面已漆过者,本工序取消)。

(3)纸面石膏板基层板施工

纸面石膏板经常用来做基层衬板,用于安装工艺玻璃、镜片、裱糊和刮大白等。其安装过程与木质人造板安装基本相同,只是在安装龙骨时可选用木龙骨或轻钢龙骨(施工工艺可参考纸面石膏板隔墙施工工艺),并针对不同的饰面材料进行石膏板面的处理,其他不变。

7.2.2 墙柱软包饰面施工

(1)软包类墙面的构造和材料

软包类墙面是高级装饰做法之一,具有吸音、保温、质感舒适等特点,多用于对音质要求较高的会议厅、会议室、多功能厅、录音室、影剧院局部墙面等,吸音墙面构造如图7-10所示。

软包类墙面的材料主要由底层材料、吸音层材料、面层材料组成。

①底层材料:木工板、胶合板、纤维水泥板(FC板、埃特板)等。

②吸音层材料:多采用轻质不燃的多孔材料,如玻璃棉、超细玻璃棉、自熄型泡沫塑料等。

③面层材料:多采用阻燃性高档豪华软包面料,各种皮革、人造革、豪华防火装饰布等。

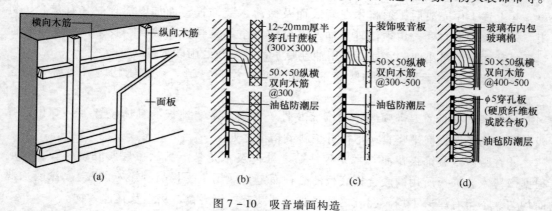

图7-10 吸音墙面构造

(a)吸音墙面 (b)甘蔗板 (c)装饰吸音板 (d)穿孔板

(2)皮革或人造革饰面的构造

皮革或人造革饰面构造与木护壁相似。一般应先进行墙面的防潮处理,抹20mm厚1:3水泥砂浆,涂刷冷底子油并粘贴油毡;然后固定龙骨架,一般骨架断面为(20~50)mm×(40~50)mm,钉胶合板衬底。

皮革里面可衬泡沫塑料做成硬底,或衬玻璃棉、矿棉等柔软材料做成软底。固定皮革的方法有两种:一是采用暗钉将皮革固定在骨架上,最后用电化铝帽头钉按划分的分格尺寸在每一分块的四角钉入固定;另一种方法是木装饰线条或金属装饰线条沿分格线位置固定。

（3）作业条件

①混凝土和墙面抹灰完成，水泥砂浆找平层已抹完并刷冷底子油。

②水电及设备、顶墙上预留预埋件已完成。

③房子的吊顶分项工程、地面分项工程基本完成，并符合设计要求。

④对施工人员进行技术交底时，应强调技术措施和质量要求。

⑤调整基层并进行检查，要求基层平整、牢固，垂直度、平整度均符合制作验收规范。

（4）材料准备及要求

软包墙面木框、龙骨、底板、面板等木材的树种、规格、等级、含水率和防腐处理必须符合设计要求。龙骨一般用白松烘干料，含水率不大于12%，厚度应根据设计要求，不得有腐朽、节疤、劈裂、扭曲等疵病，并预先经防腐处理。

软包面料、内衬材料及边框的材质、颜色、图案、燃烧性能等级应符合设计要求及国家现行标准的有关规定，具有防火检测报告。普通布料需进行两次防火处理，并检测合格。

外饰面用的压条分格框料和木贴脸等面料，一般采用工厂经烘干加工的半成品料，选用优质五夹板。

胶黏剂一般采用立时得万能胶，不同部位采用不同胶黏剂。

（5）施工要点

①基层或底板处理。

②吊直、套方、找规矩、弹线。

③计算用料、套裁填充料和面料。

④固定面料。

⑤安装贴脸或装饰边线。

⑥修整软包墙面。

7.2.3 轻钢龙骨板饰面施工

轻钢龙骨具良好的防火性，跟木龙骨相比具有明显的优势。同时，在轻钢龙骨的基础上可以填充保温材料、隔音材料（如岩棉板、岩棉毡、泡沫板）等，能起到很好的保温、隔音效果。其常见的形式是轻钢龙骨纸面石膏板隔墙，如图7-11所示。

（1）主要材料及配件要求

①轻钢龙骨主件：沿顶龙骨、沿地龙骨、加强龙骨、竖向龙骨、横向龙骨等应符合设计要求。

②轻钢骨架配件：支撑卡、卡托、角托、连接件、固定件、附墙龙骨、压条等应符合设计要求。

③紧固材料：射钉、膨胀螺栓、镀锌自攻螺丝、木螺丝和黏结嵌缝料应符合设计要求。

图 7-11　轻钢龙骨石膏板

④填充隔音材料：按设计要求选用。

⑤罩面板材：纸面石膏板规格、厚度由设计人员或按图纸要求选定。

（2）主要机具

直流电焊机、电动无齿锯、手电钻、螺丝刀、射钉枪、线坠、角尺等。

（3）作业条件

①轻钢骨架、石膏罩面板隔墙施工前应先完成基本的验收工作，石膏罩面板安装应待屋面、顶棚和墙抹灰完成后进行。

②设计要求隔墙有地枕带时，应待地枕带施工完毕，并达到设计要求后，方可进行轻钢骨架安装。

③根据设计施工图和材料计划，查实隔墙的全部材料，使其配套齐备。

④所有的材料，必须有材料检测报告、合格证。

（4）操作工艺

工艺流程如下：

轻隔墙放线→安装门洞口框→安装沿顶龙骨和沿地龙骨→竖向龙骨分档→安装竖向龙骨→安装横向龙骨卡档→安装石膏罩面板→施工接缝做法→面层施工

①放线：根据设计施工图，在已做好的地面或地枕带上，放出隔墙位置线、门窗洞口边框线，并放好沿顶龙骨位置边线。

②安装门洞口框：放线后按设计，先将隔墙的门洞口框安装完毕。

③安装沿顶龙骨和沿地龙骨：按已放好的隔墙位置线，按线安装沿顶龙骨和沿地龙骨，用射钉固定于主体上，其射钉钉距为 600mm。

④竖龙骨分档：根据隔墙放线门洞口位置，在安装沿顶龙骨和沿地龙骨后，按罩面板的规格 900mm 或 1200mm 板宽，分档规格尺寸为 450mm，不足模数的分档应避开门洞框边第一块罩面板位置，使破边石膏罩面板不在门洞框处。

⑤安装竖向龙骨：按分档位置安装竖龙骨，竖龙骨上下两端插入沿顶龙骨及沿地龙骨，调整垂直及定位准确后，用抽心铆钉固定；墙、柱边龙骨用射钉或木螺丝与墙、柱固定，钉距为 1000mm。

⑥安装横向龙骨卡档：根据设计要求，隔墙高度大于 3m 时应加横向龙骨卡档，采用抽心铆钉或螺栓固定。

⑦安装石膏罩面板：

a. 检查龙骨安装质量、门洞口框是否符合设计及构造要求，龙骨间距是否符合石膏板宽度的模数。

b. 安装一侧的纸面石膏板，从门口处开始，无门洞口的墙体由墙的一端开始，石膏板一般用自攻螺钉固定，板边钉距为 200mm，板中间距为 300mm，螺钉距石膏板边缘的距离不得小于 10mm，也不得大于 16mm，自攻螺钉固定时，纸面石膏板必须与龙骨钉紧。

c. 安装墙体内电管、电盒和电箱设备。

d. 安装墙体内防火、隔音、防潮填充材料，与另一侧纸面石膏板同时进行安装填入。

e. 安装墙体另一侧纸面石膏板。安装方法同第一侧纸面石膏板，其接缝应与第一侧面板错开。

f. 安装双层纸面石膏板。第二层板的固定方法与第一层相同，但第三层板的接缝应与第一层错开，不能与第一层的接缝落在同一龙骨上。

⑧接缝做法：纸面石膏板接缝做法有三种形式，即平缝、凹缝和压条缝。可按以下程序处理。

a. 刮嵌缝腻子　刮嵌缝腻子前先将接缝内浮土清除干净，用小刮刀把腻子嵌入板缝，与板面填实刮平。

b. 粘贴拉结带　待嵌缝腻子凝固即可粘贴拉结带，先在接缝上薄刮一层稠度较稀的胶状腻子，厚度为 1mm，宽度为拉结带宽，随即粘贴接结带。用中刮刀从上而下一个方向刮平压实，赶出胶腻子与拉结带之间的气泡。

c. 刮中层腻子　拉结带粘贴后，立即在上面再刮一层比拉结带宽 80mm 左右、厚度约 1mm 的中层腻子，把拉结带埋入这层腻子中。

d. 找平腻子　用大刮刀将腻子填满楔形槽与板抹平。

⑨墙面装饰：纸面石膏板墙面，根据设计要求，可做各种饰面。

（5）质量标准

骨架隔墙表面应平整光滑、色泽一致、洁净、无裂缝，接缝应均匀、顺直。检验方法：观察；手摸检查。

骨架隔墙上的孔洞、槽、盒应位置正确、套割吻合、边缘整齐。检验方法：观察。

骨架隔墙内的填充材料应干燥，填充应密实、均匀、无下坠。检验方法：轻敲检查。

检查隐蔽工程验收记录见表 7 - 1。

表 7 - 1　　　　　　　　　　骨架隔墙安装的允许偏差和检验方法

项次	任务	允许偏差/mm		检验方法
		纸面石膏板	人造木板、水泥纤维板	
1	立面垂直度	3	4	用 2m 垂直检测尺检查
2	表面平整度	3	3	用 2m 靠尺和塞尺检查
3	阴阳角方正	3	3	用直角检测尺检查
4	接缝直线度	—	3	拉 5m 线，不足 5m 拉通线，用钢直尺检查
5	压条直线度	—	3	拉 5m 线，不足 5m 拉通线，用钢直尺检查
6	接缝高低差	1	1	用钢直尺和塞尺检查

（6）注意事项

①轻钢龙骨隔墙施工中，工种间应保证已装任务不受损坏，墙内电管及设备不得碰动错位及损伤。

②轻钢骨架及纸面石膏板入场，存放使用过程中应妥善保管，保证不变形，不受潮不污染、无损坏。

③施工部位已安装的门窗、地面、墙面、窗台等应注意保护、防止损坏。

④已安装完的墙体不得碰撞，保持墙面不受损坏和污染。

（7）质量问题及原因

①墙体收缩变形及板面裂缝。原因是竖向龙骨紧顶上下龙骨，没留伸缩量，超过2m长的墙体未做控制变形缝，造成墙面变形。隔墙周边应留3mm的空隙，这样可以减少因温度和湿度影响产生的变形和裂缝。

②轻钢骨架连接不牢固。原因是局部节点不符合构造要求，安装时局部节点应严格按图规定处理。钉固间距、位置、连接方法应符合设计要求。

③墙体罩面板不平。多数由两个原因造成：一是龙骨安装横向错位，二是石膏板厚度不一致。

④明凹缝不均。纸面石膏板拉缝掌握尺寸不好，施工时注意板块分档尺寸，保证板间拉缝一致。

7.2.4　金属板柱饰面施工

金属饰面板的类型很多，根据材料的不同可分为不锈钢板、黑钛或钛金板、铝板、铝合金板、铝塑板、铁板、铜板及彩色压型钢板等多种类型，根据板材的加工形式不同可以是平板或制成凹凸形花纹（浮雕）等。金属饰面板工程一般采用铝合金板和不锈钢板做饰面板，由型钢或铝型材做骨架，这类板不但坚固耐用，而且美观新颖，室内、室外均可使用。

7.2.4.1　金属饰面板包柱构造

金属饰面板包柱是采用不锈钢、铝合金、铜合金及其他合金等金属做包柱饰面材料，构造做法有柱面板八接粘贴法、钢骨架贴板法及木龙骨贴板法。

①金属饰面板直接粘贴包柱：本做法适用于原有柱（方形或圆柱）直接装饰装修为金属柱，其基本构造如图7-12所示。

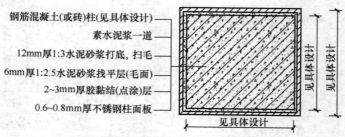

图7-12　原有柱（方形或圆柱）直接装饰装修为金属柱

②钢架贴金属饰面板包柱：本做法适用于原有柱（方柱或圆柱）加大或方柱改圆柱的装饰装修。钢架用轻钢、角钢焊接或螺栓连接而成。其基本构造如图7-13所示。

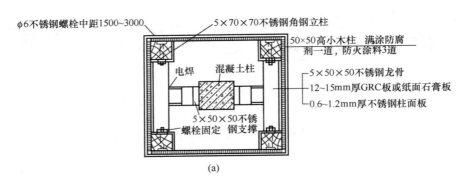

(a)

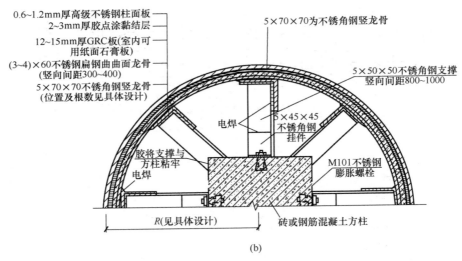

(b)

图7-13 原有柱（方柱或圆柱）加大或方柱改圆柱
(a) 方柱饰面构造 (b) 圆柱饰面构造

③木龙骨骨架贴金属饰面板包柱：本做法适用于将原有柱（方柱或圆柱）加大或方柱改圆柱。木龙骨用方木制成，金属饰面板采用不锈钢板、铝合金板及铜合金板等，其基本构造如图7-14所示。

④金属饰面板安装收口处理

采用胶粘方式安装时有直接卡口式和嵌槽压口式两种对口处理方法。构造处理如图7-15、图7-16所示。

采用钉接方式，应将金属板两端的折边通过螺钉与骨架连接，如图7-17所示。

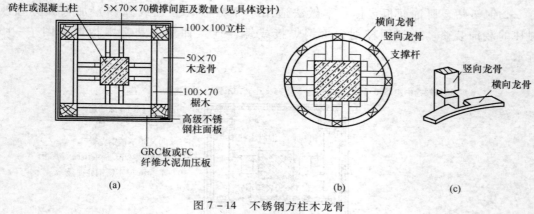

图 7 – 14　不锈钢方柱木龙骨

（a）方柱　　（b）方柱改圆柱　　（c）纵横木龙骨

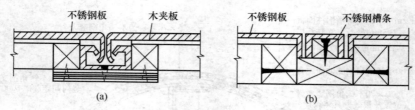

图 7 – 15　圆柱胶粘方式收口构造

（a）直接卡口式　　（b）嵌槽压口式

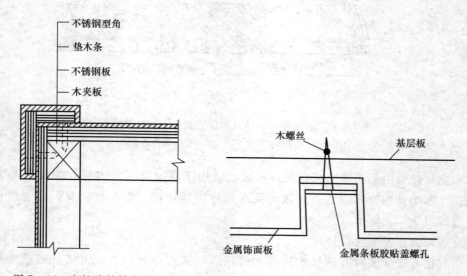

图 7 – 16　方柱胶粘转角收口构造　　　　图 7 – 17　钉接式收口构造

7.2.4.2　不锈钢装饰

　　不锈钢装饰是目前在装饰工程中比较流行的一种装饰方法，它具有金属光泽和质感，具有不锈蚀的特点和如同镜面的效果，同时还具有强度和硬度较大、在施工和使用过程中不易发生变形的特点，具有非常明显的优越性。

不锈钢板按其表面处理方式不同分为镜面不锈钢板、压光不锈钢板、彩色不锈钢板和不锈钢浮雕板。

不锈钢板的构造固定与铝合金饰板构造相似，通常将骨架与墙体固定，用木板或木夹板固定在龙骨架上作为结合层，将不锈钢饰面镶嵌或粘贴在结合层上。也可以采用直接贴墙法，即不需要龙骨，将不锈钢饰面直接粘贴在墙表面上。

（1）工艺流程

弹线→制作骨架→安装基层板→饰面板成型→饰面板安装

（2）施工要点

①弹线：首先将室内水平线弹出，然后按设计要求将不锈钢饰面装修部分的造型线弹在墙面基层上，应注意水平线及造型位置线。

②制作骨架：不锈钢装饰板的骨架一般采用木骨架，木骨架用木方连接成框体。其制作顺序如下所述。

a. 竖向龙骨定位　先从画出的装饰柱体顶面线向底面线吊垂直线，并以垂直线为基准，在顶面与地面之间立起竖向龙骨。校正好位置后，分别在顶面和地面把竖向龙骨固定起来，然后根据施工图的要求间隔，分别固定好所有的竖向龙骨。固定方法常采用连接件，即用膨胀螺栓或射钉将连接件与顶面、地面固定，用焊接或螺钉固定连接件与竖向龙骨。

b. 制作横向龙骨　横向龙骨一方面是龙骨架的支撑件，另一方面还起着造型的作用。

c. 横向龙骨与竖向龙骨的连接　连接前，必须在柱顶与地面间设置控制线，控制线主要是吊垂线和水平线。木龙骨的连接可用槽接法和加胶钉固法。通常圆柱等弧面柱体用槽接法，而方柱和多角柱可用加胶钉固法。槽接法是在横向、竖向龙骨上分别开出半槽，两龙骨在槽口处对接。当然，槽接法也需在槽口处加胶、加钉固定，这种固定方法稳固性较好。加胶钉固法是在横向龙骨的两端头面加胶，将其置于两竖向龙骨之间，再用钢钉斜向与竖向固定龙骨。横向龙骨之间的间隔距离通常为300mm或400mm。

d. 骨架与建筑主体的连接　为保证装饰体的稳固，通常在建筑的原主体上安装支撑杆，使它与装饰柱体骨架互相固定连接。支撑杆可用方木或角钢制作，并用膨胀螺栓或射钉、木楔钢钉的方法与建筑连接，其另一端与装饰骨架钉接或焊接。支撑杆应分层设置，在墙体的高度方向上分层间隔为800～1000mm。

e. 骨架形体校正　为了保证骨架形体的准确性，在施工过程中，应不断对骨架进行检查。检查的主要内容是柱体骨架的垂直度、不圆度、各条横向龙骨与竖向龙骨连接的平整度等。垂直度检查是在连接好的柱体骨架顶端边框线设置吊垂线，如果吊垂线下端与柱体边框平行，说明柱体没有歪斜。吊线检查应在柱体周围进行，一般不少于四点位置。柱高3.0m以下，允许歪斜度误差在3mm以内；柱高3.0m以上，其误差允许在6mm以内。如超过误差，就必须进行修理。柱体骨架的不圆度，经常表现为凸肚和内凹，这给饰面板的安装带来不便。检查不圆度的方法也采用垂线法，将圆柱上、下边用垂线相接，如细线被中间骨架顶弯，说明柱体凸肚；如细线与中间骨架有间隔，说明柱体内凹。柱体表面的不圆度误差值不得超过3mm，超过误差值的部分应进行修整。

f. 修边　柱体骨架连接、固定之后，要对其连接部位和龙骨本身的不平整处进行修平处理。对曲面柱体中竖向龙骨要进行修边，使之成为曲面的一部分。

③安装基层板：

a. 圆柱骨架上安装木夹板。应选择弯曲性能较好的薄三夹板。安装固定前，先在柱体骨架上进行试铺。如果弯曲粘贴有困难，可在木夹板的背面用刀切割一些竖向刀槽，刀槽深 1mm，两刀横向相距 10mm 左右。要注意，应用木夹板的长边来包柱体，然后在木骨架的外面刷乳胶或各类环氧树脂胶等，将木夹板粘贴在木骨架上，用钢钉从一侧开始钉木夹板，逐步向另一侧固定。在对缝处用钉量要适当加密，钉头要埋入木夹板内。

b. 在圆柱体骨架上安装实木条板，所用的实木条板宽度一般为 50~80mm。如圆柱体直径较小（小于 φ350），木条板宽度可减少或将木条板加工成曲面。木条板厚度为10~20mm。

④饰面板成型：利用剪板机、折边机、冲压机、冲孔机或激光切割等，将不锈钢板按设计加工成所要求的形状。

⑤饰面板安装：不锈钢饰面板一般采用镶面施工。不锈钢板安装的关键在于片与片间对口处的处理，处理方式主要有直接卡口式和嵌槽压口式两种。

a. 直接卡口式　在两片不锈钢板对口处，于柱体骨架的凹部安装一个不锈钢卡口槽。

b. 嵌槽压口式　在不锈钢板对口处的凹部用螺钉或钢钉固定，再把一条宽度小于凹槽的木条固定在凹槽中间，两边空出的间隙相等，间隙宽为 1mm 左右。在木条上涂刷环氧树脂胶，等胶面不粘手时，向木条上嵌入不锈钢槽条。不锈钢槽条应在嵌入前用酒精或汽油清洗槽条内的油迹和污物。安装嵌槽压口的关键是木条的尺寸准确、形状规则。木条安装前，应先与不锈钢槽条试配，木条的高度一般不大于不锈钢槽内深度 0.5mm。尺寸准确可保证木条和不锈钢槽面与柱体面的一致，形状规则可使不锈钢槽嵌入木条后黏结面均匀，黏结牢固，防止槽面产生侧歪现象。

7.2.4.3　铝塑板墙板施工

铝塑板墙面装修做法有多种，最好是贴于纸面石膏板、耐燃型胶合板等比较平整的基层上或铝合金扁管做成的框架上（要求横、竖向铝合金扁管的分格与铝塑板分格一致）。铝塑板在基层板（或框架）上的安装方式有粘贴法和铆接法等。

（1）工艺流程

弹线→翻样→试拼、裁切、编号→安装、粘贴→修整→板缝处理

（2）施工要点

①弹线：按具体设计，根据铝塑板的分格尺寸在基层板上弹出分格线。

②翻样、试拼、裁切、编号：根据设计要求及弹线，对铝塑板进行翻样、试拼，然后将铝塑板裁切、编号备用。

③安装、粘贴：铝塑板的安装基本上有下列 3 种做法，即胶黏剂直接粘贴法；双面胶带及胶黏剂并用粘贴法；发泡双面胶带直接粘贴法。

7.2.4.4　铝合金饰面板施工

根据表面处理方法的不同，可分为阳极氧化处理和漆膜处理两种；根据几何尺寸的不同，可分为条形扣板和方形板。条形扣板的板条宽度在 150mm 以下，长度可视使用要求确定。方形板包括正方形板、矩形板、异形板。有时为了加强板的刚度，可压出肋条

加劲；有时为保暖、隔音，还可将其断面加工成空腔蜂窝状板材。铝合金饰面板一般安装在型钢或铝合金型材所构成的骨架上，如图 7-18 所示。由于型钢强度高、焊接方便、价格便宜、操作简便，所以用型钢做骨架的较多。

　　铝合金饰面板构造连接方式通常有两种：一是直接固定，将铝合金板块用螺栓直接固定在型钢上，因其耐久性好，常用于外墙饰面工程；二是利用铝合金板材压延、拉伸、冲压成型的特点，做成各种形状，然后将其压卡在特制的龙骨上，这种连接方式适应于内墙装饰。

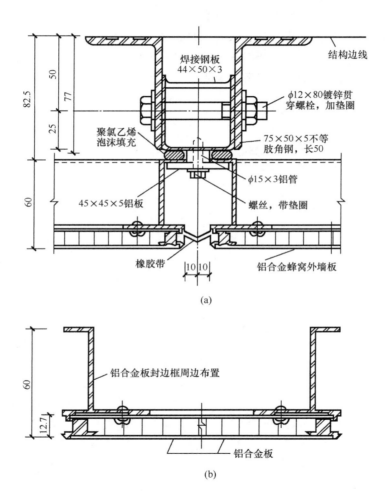

图 7-18　铝合金饰面板构造连接
（a）节点大样　　（b）铝合金外墙板

▶ 项目小结

　　本项目讲述了柱软包饰面施工、轻钢龙骨饰面施工、金属板柱饰面施工的要点，各部分的施工基本概念、所用基本材料种类、施工的原理及方法、质量要求等，对墙柱面利用镶板（即结合龙骨支架）的常见装饰方法进行了阐述。

通过本项目的学习，学生能更充分地理解装饰施工应该充分结合材料特性，能够对装饰手段有更全面的认识。

习题

1. 什么是镶板饰面？
2. 木龙骨镶板施工的主要过程及要点是什么？
3. 墙柱软包饰面施工的主要过程及要点是什么？
4. 轻钢龙骨板饰面施工的主要过程及要点是什么？
5. 金属板柱饰面施工的主要过程及要点是什么？

项目八 顶棚装饰施工

教学目标

通过对不同型式吊顶施工工艺的重点介绍，对其完整施工过程有一个全面的认识；通过教学及技能实训，能够熟练地选用吊顶施工机具，合理地选择顶棚材料；在掌握施工工艺的基础上，初步了解工程质量要求与验收标准。学会为达到施工质量要求正确选择材料和组织施工的方法，培养解决现场施工常见工程质量问题的能力。

教学要求

能力目标	知识要点	权重	自测分数
选用吊顶材料及机具的能力	吊顶材料规格、性能、技术指标	5%	
	吊顶材料鉴别及运用	5%	
	吊顶工程机具安全操作	5%	
吊顶工程的组织指导能力	吊顶工程内部构造	10%	
	吊顶工程施工工艺流程	20%	
	吊顶工程施工操作规范性	20%	
吊顶工程质量验收能力	吊顶工程质量验收标	20%	
	吊顶工程质量检验方法	15%	

项目导读

房屋顶棚是现代室内装饰处理的重要部分，它是围合成室内空间除墙体、地面以外的另一主要部分。它的装饰效果优劣，直接影响整个建筑空间的装饰效果。顶棚还起吸收、反射音响和安装照明、通风和防火设备的功能作用。

引例

　　随着人们对房屋设计装修的要求不断个性化、风格化，吊顶也在慢慢地走进我们的视线。按实用性来说：一般用于厨房、卫生间的吊顶宜采用金属、塑料等材质。房屋设计装修可分为"吊顶派"与"反吊顶派"，居室是否吊顶，这里有不少学问。餐厅面积一般都比客厅小，可考虑在餐厅做吊顶装饰。如果餐厅是单独房间也不一定要吊顶。灯饰的选择很重要，有画龙点睛之妙！

　　本例吊顶工程是客厅吊顶：首先客厅要明亮为主，不要人为地设计障碍。吊顶采用轻钢龙骨，不轻易变形，但不要太低。如果客厅高度不高的话，最好不吊顶，否则会使人感觉很压抑。客厅吊顶装修也是客厅装修的重头戏，客厅吊顶在家庭装修中是美化家居的一个重要分项工程，常用的有石膏板、PVC 板、铝扣板、矿棉板、PS 板等。

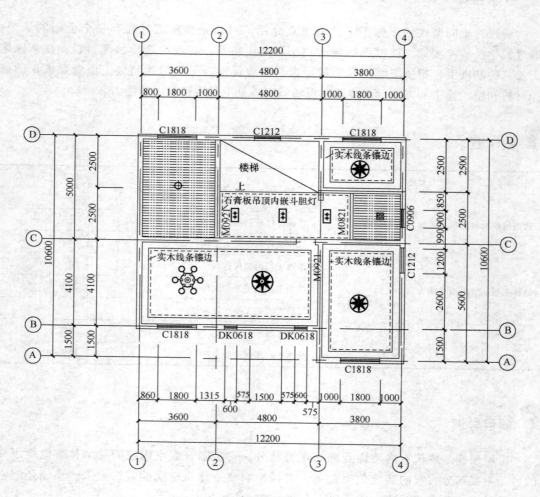

底层顶棚图

春风村样板房客厅效果图

 案例小结

　　只有正确地认识到顶棚工程装饰材料、顶棚装饰构造、施工工艺、施工要点、质量验收标准等，才能指导顶棚装饰施工，采取有效的施工方案与防范措施，避免质量问题的发生。

任务 8.1　顶棚装饰施工概述

吊顶又称顶棚、天棚、天花板，是位于建筑物楼屋盖下表面的装饰构件，也是室内空间重要的组成部分，其组成了建筑室内空间三大界面的顶界面，在室内空间中具有十分显要的位置。吊顶是指在室内空间的上部通过不同的构造做法，将各种材料组合成不同的装饰组合形式，是室内装饰工程施工的重点。

8.1.1　吊顶的功能

（1）装饰美化室内空间

吊顶是室内装饰中一个重要的组成部分，不同形式的造型、丰富多变的光影、绚丽多姿的材质为整个室内空间增强了视觉感染力，使顶面处理富有个性，烘托了整个室内环境气氛。吊顶选用不同造型及处理方法，会产生不同的空间感觉，有的可以延伸和扩大空间感，有的可以使人感到亲切、温暖，从而满足人们不同的生理和心理方面的需求；同样，也可通过吊顶来弥补原建筑结构的不足，如建筑的层高过高，会给人感觉房间比较空旷，可以用吊顶来降低高度；如果层高过低，会使人感觉很压抑，也可以通过不同的吊顶处理方法，利用视觉的误差，使房间"变"高。

吊顶也能够丰富室内光源层次，产生多变的光影形式，达到良好的照明效果。有些建筑空间原照明线路单一，照明灯具简陋，无法创造理想的光照环境。通过吊顶的处理，能产生点光、线光、面光相互辉映的光照效果及丰富的光影形式，增添了空间的装饰性；吊顶也可以将许多管线隐藏起来，整个顶棚显得平整干净；在材质的选择上，可选用一些不同色彩、不同纹理质感的材料搭配，增添室内的美化成分。

（2）改善室内环境，满足室内功能需求

吊顶处理不仅要考虑室内的装饰效果及艺术要求，也要综合考虑室内不同的使用功能需求对吊顶处理的要求，如照明、保温、隔热、通风、吸音或反射、音响、防火等功能需求。在进行吊顶时，要结合实际需求综合考虑。如顶楼的住宅无隔温层，夏季阳光直射屋顶，室内的温度会很高，可以通过吊顶作为一个隔温层，起到隔热降温的作用；冬天，又可成为一个保温层，使室内的热量不易通过屋顶流失。再如影剧院的吊顶，不仅要考虑美观，更应考虑声学、光学方面的需求，通过不同形式的吊顶造型，满足声音反射、吸收和混响方面的要求，从而达到良好的视听、观感效果。

（3）安置设备管线

随着科技的进步，各种设备日益增多，空间的装饰要求也趋向多样化，相应的设备管线也增多，吊顶为这些设备管线的安装提供了良好的条件，并且将这些设备管线隐藏起来，从而保证顶面的平整统一。

特别提示

吊顶中的设备管线一般包括通风管道、空调暖卫管线、防火管线、强电线路和弱电线路及其他特殊要求的线路管道。

（4）分割空间

通过吊顶，可以使原来层高相同的两个相连的空间变得高低不一，从而划分出两个不同的区域，增添了空间的层次感。如客厅与餐厅，通过吊顶分割，既可以使两部分分工明确，又使下部空间保持连贯通透。

8.1.2　吊顶装饰的施工要求

吊顶装饰工程是技术需求比较复杂、施工难度较大的一项工程任务。在具体施工中应结合建筑空间的大小、装饰要求、经济条件、设备安装、技术要求及安全问题等方面进行综合考虑，在满足一定功能与美观目的的同时，在装饰设计和施工中应达到以下要求。

①空间的舒适、艺术要求：包括应具有足够的高度、合适的色彩和材料选择。

②使用的安全性要求：灯具、通风系统、扩音系统等是顶棚的有机组成部分，有时要上人进行检修，故顶棚内部各构件的连接应保证安全、牢固、稳定，内部构造应正确、合理。

③满足防火要求：顶棚所用材料、管线的燃烧性能和耐火极限应满足防火规范要求，同时采取必要的防火措施。

④满足建筑物理要求：顶棚的内部构造应充分考虑对室内光、声、热等环境的改善。

⑤经济效益要求：尽量降低工程造价。

8.1.3　吊顶的种类

顶棚的形式和种类多种多样，见表 8－1。

表 8－1　　　　　　　　　　　　　　　　顶棚的分类

项次	分类	品种
1	按龙骨材料	木龙骨吊顶、轻钢龙骨吊顶和铝合金龙骨吊顶
2	按饰面材料	抹灰顶棚、纸面石膏板顶棚、矿棉板顶棚、金属饰面顶棚、玻璃顶棚和软质悬吊式顶棚
3	按其功能	发光顶棚、艺术装饰顶棚和吸音隔音顶棚
4	按顶棚结构层的显露状况	敞开式顶棚和封闭式顶棚
5	按顶棚受力大小	上人顶棚和不上人顶棚
6	按安装方式	直接式顶棚、悬吊式顶棚
7	按外观形式	浮云式、平滑式（直线、折线）、井格式、分层式

8.1.4 吊顶的构造

（1）直接式顶棚构造

直接式顶棚是指在屋面板或楼板结构基层上直接进行抹灰、喷刷、裱糊等装饰处理，再在天花和墙壁的交界处安装线脚的顶棚饰面。这种方法简便、经济，不影响室内原有的净高，但容易剥落，维修周期短，装饰效果一般，对设备管线的敷设不能满足相应的要求。

（2）悬吊式顶棚构造

悬吊式顶棚是目前广泛采用的吊顶形式，它是指在楼板结构层之下由吊筋（吊杆）、龙骨（格栅）和饰面板3个部分构成，并与楼板有一定垂直距离的顶棚，俗称吊顶，如图8-1所示。

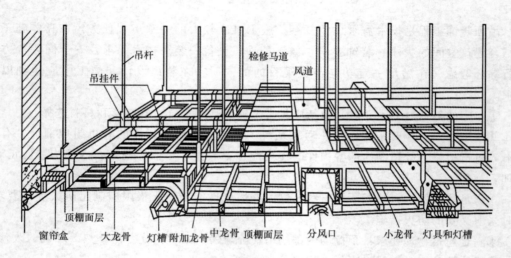

图 8-1 悬吊式吊顶构造图

①吊杆（吊筋）：吊杆是承担龙骨和饰面全部荷载的承重受力构件，并将荷载传到承重结构上的杆件，同时也是控制吊顶高度和调平龙骨架的主要构件，如图8-2所示。吊杆的形式和材料的选用与龙骨形式、龙骨材料、吊顶的自重及吊顶所承受的灯具、风口等设备荷载的大小有关。

吊杆是一种受力构件，其截面大小、吊杆与吊杆的间距由设计荷载而确定。为满足防火的要求，吊杆一般采用钢材，常用直径6～10mm的钢筋。当无设计要求时，吊杆的网距可控制在 900 ～ 1200mm 或 1200 ～

图 8-2 悬吊式吊顶吊杆示意图

1500mm，具体数值，应根据荷载大小和房间尺寸确定。

②龙骨（骨架）：悬吊式顶棚的龙骨是吊顶造型的主体轮廓，也是形成吊顶空间的必要条件，如图8-3所示。骨架的结构主要包括主龙骨、次龙骨和格栅、次格栅、小格栅所形成的网架体系，如图8-4所示。骨架的作用是承受吊顶面层的荷载，并将荷载通过

吊杆传给屋顶承重结构。主龙骨位于副龙骨之上，是承担饰面部分和副龙骨的荷载，并将荷载传至吊杆上的构件；副龙骨是安装基层板或面板的网络骨架，也是承担饰面部分荷载的构件。

图 8-3　悬吊式吊顶骨架示意图

顶棚的龙骨布置也应遵循以下原则：主龙骨的布置应与次龙骨及饰面板的短边方向相垂直为宜，主龙骨与次龙骨、次龙骨与横撑龙骨之间为垂直关系。

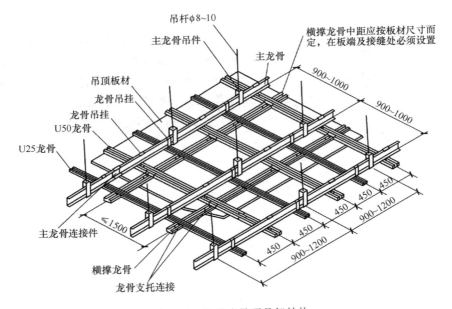

图 8-4　悬吊式吊顶骨架结构

主龙骨一般按房间的短向设置直接与吊杆相连。主龙骨间距为 900～1200mm，具体尺寸可根据房间尺寸和其他要求而确定。当房间的顶棚跨度较大时，为保证顶棚的水平度，龙骨中部应适当起拱，可按房间的短边跨度的 0.1%～0.3% 起拱。

次龙骨附着于主龙骨下面，是安装饰面板或基层板的一个平面网架，次龙骨与主龙骨垂直布置，并通过钉、扣件、吊件等连接件紧贴主龙骨安装。其截面大小和龙骨网格的大小由基层板或饰面板尺寸而定。确定的原则是保证饰面板平整、稳定、牢固。常用网格尺寸为 300～600mm，实际应用时可将这些尺寸进行组合。

综上所述，悬吊式吊顶各构件的布置尺寸可在如下范围内进行选择：

吊杆为（900～1200）mm×（1200～1500）mm；

主龙骨为（900～1200）mm×（900～1200）mm；

次龙骨为（300～600）mm×（300～600）mm。

实际工程中，顶棚的造型往往很复杂，竖向可能有多个高低层次；平面多呈矩形、曲线形或不规则形状等。显然龙骨的布置应满足装饰造型的需要。

③饰面板：面板是顶棚饰面的基层，可在其上进行粘接、钉固、喷涂等饰面处理，当将基层和饰面设计为一体时，面板即为饰面板。顶棚的饰面即装饰层，其主要作用是装饰室内空间，以及具有吸声、反射等功能。面层的材料主要有纸面石膏板、纤维板、胶合板、钙塑板、矿棉吸音板、铝合金板、金属板、PVC 塑料板等。

特别提示

吊顶根据室内具体的使用功能要求时要增设附加层。附加层是指具有保温、隔热及上人等特殊要求的技术层，其位置一般设置在主次龙骨之间或饰面层之上。吊顶所用的保温、隔热材料的品种及厚度要根据实际的设计要求规定，并应有防散落措施。

悬吊式顶棚要结合灯具、通风口、音响、消防设施等进行整体设计，这种顶棚形式能够改善室内环境，为满足不同使用功能要求创造了较为宽松的前提条件。但是，这种顶棚施工工期长、造价高，且要求建筑空间有较大的层高。具体在进行顶棚装饰设计时，应结合空间的尺度大小、装饰要求、经济因素来综合考虑。一般来说，悬吊式顶棚的装饰效果较好，形式变化丰富，适用于中、高档次的建筑顶棚装饰。

任务 8.2　顶棚装饰施工

8.2.1　木龙骨吊顶施工

木龙骨吊顶是以木质龙骨为基本骨架，配以胶合板、纤维板等作为饰面材料组合而成的吊顶体系，具有加工方便、造型能力强、造价低等优点，但不适用于大面积吊顶。一般用铁钉、木螺钉、木压条固定。需要注意的是胶合板顶棚应满足防火要求，面积超过 50m² 的顶棚不允许使用胶合板饰面。

8.2.1.1　施工准备

（1）木龙骨吊顶对材料的要求

①对木龙骨木方的要求：木龙骨料应为烘干，无扭曲的红、白松树种，并按设计要求进行防火与防腐处理。木龙骨规格按设计要求，如设计无明确规定时，大龙骨规格为 50mm×70mm 或 50mm×100mm；小龙骨规格为 50mm×50mm 或 40mm×50mm；木吊杆规格为 50mm×50mm 或 40mm×40mm。

②罩面板材及压条：按设计要求选用，较常用的罩面材料有胶合板、纤维板、实木板、纸面石膏板、矿棉板、吸声穿孔石膏板、矿棉装饰吸声板、泡沫钙塑板、塑料装饰板等，选用时严格把握材质及规格标准。

③其他材料：$\phi 6$ 或 $\phi 8$ 吊杆、膨胀螺栓、射钉、圆钉、角钢、扁钢、胶黏剂、木材防腐剂、防火剂、8 号镀锌铁丝、防锈漆。

（2）主要工机具（表 8-2）

表 8-2　　　　　　　　　　　　木龙骨吊顶主要工机具

序号	工机具名称	规格	序号	工机具名称	规格
1	电圆锯	$\varphi 400mm/1.4kW$	12	钢卷尺	3m，15m
2	木工台刨		13	扳手	
3	电钻	$\varphi 4 \sim \varphi 13$	14	钳子	
4	电锤	ZIC-22	15	方尺	
5	木刨		16	液压升降台	ZTY6
6	线刨		17	木工斧	
7	射钉枪	SDT-A301	18	扫槽刨	
8	木工锯		19	螺丝刀	
9	手锤		20	扁铲	
10	水平尺	1m	21	电焊机	BX-200
11	墨线盒		22	凿子	

（3）作业条件

①现浇楼板或预制楼板缝中已按设计间距预埋 $\phi6$ 或 $\phi8$ 吊杆。当设计未做说明时，间距一般不大于 1000mm。

②墙为砌体时，应根据顶棚标高，在四周墙上预埋固定龙骨的木砖。

③直接接触墙体的木龙骨，应预先刷防腐剂。

④按工程不同防火等级和所处环境要求，对木龙骨进行喷涂防火涂料或置于防火涂料槽内浸渍处理。

⑤顶棚内各种管线及透风管道均已安装完毕并验收合格。各种灯具、报警器预留位置已经明确。

⑥墙面及楼、地面湿作业和屋面防水已做完。

⑦室内环境力求干燥，满足木龙骨吊顶作业的环境要求。

⑧液压升降台调试完毕或自搭的操纵平台已搭好并经过安全验收。

8.2.1.2　木龙骨吊顶施工

（1）工艺流程

放线→木龙骨处理→吊杆固定→固定沿墙龙骨→木龙骨组装→吊装龙骨架→吊顶骨架整体调整→安装罩面板→节点处理→钉眼处理

（2）施工要点

①放线定位：放线的作用，一方面使施工有基准线，便于下一道工序确定施工位置；另一方面能检查吊顶以上部位的管道等对标高位置的影响。

放线是吊顶施工的标准。放线的内容主要包括标高线、造型位置线、吊点布置线、大中型灯位线等。

a. 确定标高线　根据室内墙上 +50cm 水平线，用尺量至顶棚设计标高，在该点画出高度线，用一条塑料透明软管灌满水后，将软管的一端水平面对准墙面上的高度线。再将软管的另一端头水平面，在同侧墙面找出另一点，当软管内水平面静止时，画下该点的水平面位置，再将这两点连线，即得吊顶高度水平线。用同样方法在其他墙面做出高度水平线。操作时应注意，一个房间的基准高度点只用一个，各个墙的高度线测点共用。沿墙四周弹一道墨线，这条线便是吊顶四周的水平线，其偏差不能大于 5mm。

b. 确定造型位置线　对于较规则的建筑空间，其吊顶造型位置可先在一个墙面量出竖向距离，以此画出其他墙面的水平线，即得吊顶位置外框线，而后逐步找出各局部的造型框架线。对于不规则的空间画吊顶造型线，宜采用找点法，即根据施工图纸测出造型边缘距墙面的距离，从墙面和顶棚基层进行实测，找出吊顶造型边框的有关基本点，将各点连线，形成吊顶造型线，如图 8-5 所示。

c. 确定吊点位置　对于平顶天花，其吊点一般是按每平方米布置 1 个，在顶棚

图 8-5　确定吊顶造型线示意图

上均匀排布。对于有叠级造型的吊顶，应注意在分层交界处布置吊点，吊点间距0.8～1.2m，较大的灯具应安排单独吊点来吊挂。

②木龙骨处理：对吊顶用的木龙骨进行筛选，将其中腐蚀、斜口开裂、虫蛀等部分剔除。对工程中所用的木龙骨均要进行防火处理，一般将防火涂料涂刷或喷于木材表面，也可把木材放在防火涂料槽内浸渍。防火涂料的种类和使用规定见表8-3。

表8-3　　　　　　　　　　　防火涂料的种类和使用规定

项次	防火涂料的种类	用量/(kg/m^2)	特性	基本用途	限制和禁止的范围
1	硅酸盐涂料	≥0.5	无抗水性，在二氧化碳的作用下分解	用于不直接受湿润作用的构件上	不得用于露天构件及位于二氧化碳含量高的大气中的构件
2	可赛银（酪素）涂料	≥0.7	—	用于不直接受湿润作用的构件上	不得用于露天构件上
3	掺有防火剂的油质涂料	≥0.6	抗水	用于露天构件上	—
4	氯乙烯涂料和其他以合成树脂乳液为主的涂料	≥0.6	抗水	用于露天构件上	—

③吊杆固定：木龙骨吊顶吊杆可采用木吊杆（截面40mm×50mm）、角钢吊杆和扁铁吊杆，其中木吊杆应用较多，木骨架吊顶常用吊杆类型如图8-6所示。

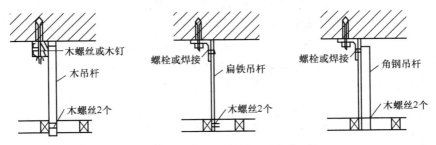

图8-6　木骨架吊顶常用吊杆类型

应根据设计要求及现场的实际情况选择如下固定方法：

a. 膨胀螺栓固定　用冲击钻在建筑结构面上打孔、安装膨胀螺栓后，用M8或M10膨胀螺栓将∠25×3或∠30×3角铁固定在现浇楼板底面上，如图8-7所示。对于M8膨胀螺栓要求钻孔深度≥50mm，钻孔直径10.5mm为宜；对于M10膨胀螺栓要求钻孔深度≥60mm，钻孔直径13mm为宜。

图8-7　确定吊顶位置、打孔

b. 用射钉固定　用 $\phi5$ 以上高强射钉将 $\angle40\times4$ 角铁等固定在建筑结构底面。当用射钉固定时，射钉的直径必须大于5mm。

c. 预埋铁件　预埋铁件可采用钢筋、角钢、扁铁等，其规格应满足承载要求，吊杆与吊点的连接可采用焊接、钩挂、螺栓或螺钉连接等方法。吊杆安装时，应做防腐、防火处理。

④固定沿墙龙骨：固定边龙骨主要采用射钉固定，间距为300～500mm。边龙骨的固定应保证牢固可靠，其底面应与吊顶标高线保持平齐。

特别提示

对于直接接触结构的木龙骨，如墙边龙骨、梁边龙骨、端头伸入或接触墙体的龙骨，应预先刷防腐剂。要求涂刷的防腐剂具有防潮、防蛀、防腐朽的作用。

⑤木龙骨组装：先在地面进行分片拼接，考虑便于吊装，拼接的木龙骨架每片面积应小于 $10m^2$。具体做法为：在龙骨上开出凹槽，槽深、槽宽以及槽与槽之间的距离应符合有关规定，然后将凹槽与凹槽进行咬口拼装，凹槽处应涂胶并用钉子固定，如图8-8所示。

⑥吊装龙骨架：木龙骨吊顶的龙骨架有两种形式，即单层网格式木龙骨架及双层木龙骨架。

图8-8　骨架固定示意图

a. 单层网格式木龙骨架的吊装固定　吊装一般先从一个墙角开始，将拼装好的木龙骨架托起至标高位，对于高度低于3.2m的吊顶骨架，可在高度定位杆上做临时支撑。高度超过3.2m时，可用铁丝在吊点做临时固定。根据吊顶标高拉出纵横方向的基准线，作为骨架底平面的基准，将龙骨架向下稍做移位使骨架与基准线平齐，待整片龙骨架调平、调正后，再与边龙骨钉接。龙骨架与吊杆的固定有多种方法，视选用的吊杆材料和构造而定，常采用绑扎、钩挂、木螺钉固定等。

b. 双层木龙骨架的吊装固定　按照设计要求，主龙骨间距一般为1000～1200mm，主龙骨（通常沿房间的短向布置）与已固定好的吊杆间距一致。连接时首先将主龙骨放置在沿墙龙骨上，其次调平主龙骨，最后与吊杆连接并和沿墙龙骨钉接或用木楔将龙骨与墙体钉紧。次龙骨架的吊装固定可采用咬口拼接或小木方钉接而成的木龙骨网格。将次龙骨吊装至主龙骨底部并调平后，用短木方将主、次龙骨连接牢固。

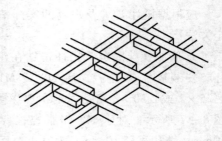

图8-9　骨架连接示意图

⑦吊顶骨架整体调整：龙骨架分片吊装在同一平面后，还要进行分片连接形成整体，其方法为：将端头对正，用短方木或铁件进行连接加固，短方木可钉于龙骨架对接处的侧面或顶面（图8-9）。

各个分片连接加固后，应对龙骨架调平并起拱，在整个吊顶面下拉出十字交叉的标高线，来检查并调整吊顶平整度。对于吊顶面下凹部分，需调整吊杆杆件将龙骨骨架收紧拉起；对于吊顶骨架底面向上拱起的部分，需将吊杆杆件放松下移或另设杆件向下顶，直到吊顶骨架底面整体平整，将误差控制在规定的范围内；公共空间的吊顶一般要起拱，起拱高度是房间短跨方向 0.3% ~ 0.5%。

⑧安装罩面板：吊顶时要结合灯具位置、风扇位置做好预留洞穴及吊钩。当平顶内有管道或电线穿过时，应预先安装管道及电线，然后再铺设面层，若管道有保温要求，应在完成管道保温工作后，才可封钉吊顶面层。大的厅堂宜采用高低错落形式的吊顶。

图 8 – 10　罩面板安装示意图

木龙骨吊顶，其常用的罩面板有装饰石膏板（白平板、穿孔板、花纹浮雕板等）、胶合板、纤维板、木丝板、刨花板、印刷木纹板等，罩面板安装如图 8 – 10 所示。基层板的接缝形式，常见的有对缝、凹缝和盖缝三种，如图 8 – 11 所示。

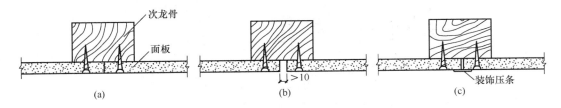

图 8 – 11　面板缝隙处理示意图
（a）对缝　　（b）凹缝　　（c）盖缝

基层板与龙骨的固定一般有钉接和粘接两种方法。

a. 钉接　用铁钉将基层板固定在木龙骨上，钉距为 80 ~ 150mm，钉长为 25 ~ 35mm，钉帽砸扁并进入板面 0.5 ~ 1mm。

b. 粘接　用各种胶黏剂将基层板粘接于龙骨上，如矿棉吸声板可用 1:1 水泥石膏粉加入适量 108 胶进行粘接。也可采用粘、钉结合的方式，使固定更加牢固。

⑨节点处理：

a. 木龙骨吊顶节点处理

ⓐ阴角节点：通常用角木线钉压在角位上，如图 8 – 12 所示。固定时用直钉枪在木线条的凹部位置打入直钉。

ⓑ阳角节点：同样用角木线钉压在角位上，将整个角位包住。

ⓒ过渡节点：吊顶与灯光盘节点处理、吊顶与检修孔节点处理、木吊顶与墙面间节点处理、木吊顶与柱面间的节点处理，与木吊顶与墙面间节点处理的方法基本相同，所用材料有木线条、塑料线条、金属线条等，灯具与吊顶固定示意图如图 8 – 13 所示。

b. 木吊顶与设备之间节点处理　木吊顶与反光灯槽的连接如图8-14所示。

暗装窗帘盒的节点构造一种是吊顶与方木薄板窗帘盒衔接，另一种是吊顶与厚夹板窗帘盒连接。

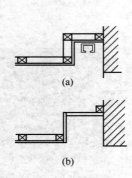

图8-12　窗帘盒与吊顶固定示意图
（a）方木薄板窗帘盒　（b）厚夹板窗帘盒

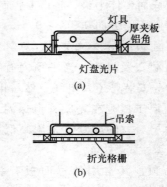

图8-13　灯具与吊顶固定示意图
（a）灯盘与吊顶固定连接
（b）折光格栅灯盘与吊顶连接

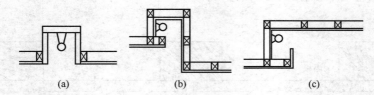

图8-14　木吊顶与反光灯槽的连接示意
（a）平面式　（b）侧向反光式　（c）顶面半反光式

⑩钉眼处理：如果使用射钉固定时，由于其钉帽可以直接打入板面，可以不做处理。如果使用普通圆钉固定，则钉眼需用油性腻子抹平。

8.2.2　轻钢龙骨吊顶施工

轻钢龙骨吊顶是在建筑装饰工程中普遍使用的一种吊顶形式，具有装饰性好、自重轻、强度高、防火及耐腐蚀性能好、安装方便的特点，广泛应用在公共及住宅空间。轻钢龙骨吊顶有轻钢龙骨和纸面石膏板两部分组成，在纸面石膏板面层可进行其他饰面装饰，如涂刷、粘贴等。

8.2.2.1　施工准备

（1）材料准备

①轻钢龙骨：采用镀锌钢板，经剪裁、冷弯、滚轧、冲压而成薄壁型钢，厚度为0.5~1.5mm。吊顶轻钢龙骨骨架由主龙骨、次龙骨、横撑小龙骨、吊件、接插件和挂插件组成。主龙骨按其截面形状分为U型、C型，一般多为U型。主龙骨按承载能力分为38、50、60系列。38系列的龙骨适用于吊点间距为900~1200mm的不上人吊顶；50系列的龙骨适用于吊点间距为900~1200mm的上人吊顶；60系列的龙骨可用于吊点间距

1500mm 的上人吊顶，不同系列龙骨的选用要符合实际的设计要求。

特别提示

主龙骨（大龙骨）是轻钢吊顶体系中主要受力构件。整个吊顶的荷载通过主龙骨传给吊杆，主龙骨也称承载龙骨。次龙骨（中、小龙骨）的主要作用是与饰面板固定。次龙骨也称覆面龙骨，大多数为构造龙骨，其间距由饰面板的规格决定。

②龙骨的配件：龙骨配件用来连接龙骨组成一个骨架，是吊顶工程中不可缺少的配件，主要有吊件、挂件、连接件及挂插件等。

③罩面材料：轻钢龙骨吊顶的罩面材料品种很多，主要有装饰石膏板、纸面石膏板、吸声穿孔石膏板、嵌装式装饰石膏板、矿棉吸声板、塑料装饰板、金属装饰板等。最常用的是纸面石膏板，它是以石膏和纤维做板芯，用特殊的纸做护面而制成的板材。具有质轻、高强、抗震、防火、隔音、收缩率小等性能，并可锯、钉、钻，纸面石膏板由于板纸的增强作用，也具有较高的抗弯强度。其主要用于吊顶面层或轻质隔墙的墙板，经特殊处理的防潮、防火纸面石膏板更可用于厨卫及防火要求较高的场所。

纸面石膏板的品种很多，根据性能要求不同可分为普通纸面石膏板、耐火纸面石膏板和耐水纸面石膏板等；按纸面石膏板的棱边形状又可分为矩形棱边、楔形棱边、圆角边等几种。

纸面石膏板的常见尺寸：长 2400、2700、3000、3300、3600mm；宽 1200mm；厚 9、12、15、18、21、25mm。

④连接与固定材料：轻钢龙骨吊顶常用的固定材料有金属膨胀螺栓（金属胀管）、自攻螺钉、抽芯铝铆钉、射钉等，如图 8－15 所示。

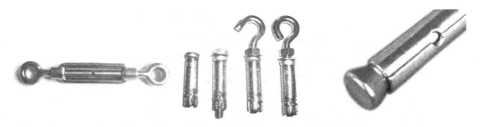

图 8－15　轻钢龙骨吊顶连接与固定材料

（2）施工工具

轻钢龙骨吊顶装饰工程安装施工所用的施工机具较多。常用的工具有手锯、刀锯、线锯，还有平刨、槽刨、线刨等刨削工具。画线工具及量具有画线笔、墨斗、量尺、角尺、水平尺、三角尺及铅锤等。常用电动机具有手电钻、电锤、自攻螺钉钻和射钉枪及电动十字旋具等。

（3）施工条件

①吊顶内的通风、水电、消防管道等均已安装就位，并基本调试完毕。

②墙、顶需找平的槽、孔、洞等湿作业完成。

③大面积施工前，对起拱、预留检修口等节点构造处理及固定方法，经验收认可后，

方可进行大面积施工。

④搭好顶棚施工操作平台。

8.2.2.2　轻钢龙骨吊顶施工工艺

轻钢龙骨纸面石膏板吊顶施工工艺流程：

弹线定位→吊杆制作安装→安装龙骨（主龙骨安装→调平龙骨架→次龙骨安装）→安装面板→嵌缝

①弹线定位：弹线顺序是先竖向标高后平面造型细部。竖向标高线弹于墙上，平面造型线和细部弹于顶板上。弹顶棚标高线时，先弹施工标高基准线，根据设计和工程实际要求，确定50cm水平线，弹于四周墙壁上，以此线为基准，用尺量至顶面设计标高线，在四周墙面弹顶面水平线，其水平允许偏差不得大于5mm。如顶棚有叠级造型者，其叠级标高应全部标出。对于龙骨位置线，应结合设计要求和施工现场的实际情况，在顶棚标高线上按主、次龙骨的间距规定标出主龙骨及次龙骨的位置线，以此为基点引至到顶面上，弹出位置线。在顶棚上还应根据平面设计要求，在顶棚依次弹出造型线，墙面弹出叠级标高线。

吊点的位置线，根据设计要求，在顶板主龙骨位置线上按吊点规定间距确定吊点的位置，将其弹于顶板上。除此以外，根据具体设计要求，在顶部上弹附加吊杆位置线，将顶棚检修口、通风口、柱子周边及大型灯具、电扇具处的吊杆位置一一测出，并弹于楼板板底上。吊杆距主龙骨端部距离不得大于300mm，当大于300mm时应增加吊杆，并且当吊杆与设备相遇时，应调整并增设吊杆，不得与设备共用吊杆。一般情况下，$\phi6$ 吊杆长度不大于1200mm，$\phi8$ 吊杆长度不大于1500mm。若吊顶设计标高距原结构顶面高度超过吊杆限度时，会产生吊杆不稳、不垂直现象，造成吊顶龙骨不平直，影响整个吊顶的安装质量。

> **特别提示**
>
> 为保证吊顶安装施工顺利、位置准确，弹线完成后，对所有标高线、平面造型吊点位置等进行全面检查复量，如出现尺寸错误或遗漏问题，应立即进行修补和纠正。检查顶棚上设置的设备、管线、管道与所弹的顶棚标高线有无冲突，对大型灯具的安装有无妨碍，均须一一核实，确保准确无误。

②吊杆制作安装：在设吊杆时，一是预埋吊杆，二是用膨胀螺栓或射钉固定吊杆，或用电焊、钩挂等方法来固定。现在吊顶时也可采用成品通扣镀锌吊杆，与膨胀螺栓配合使用，且无须防锈漆涂刷。采用这种成品吊杆，施工方法简单，施工速度快。

③安装轻钢龙骨骨架：吊杆安装完毕后，可进行龙骨骨架的安装。可先将龙骨中变形翘曲部分进行校正，严重变形部分进行切除。然后根据设计要求，在墙面标高线位置处固定沿墙龙骨，龙骨底面与标高线对齐。龙骨与墙体之间可用螺钉或射钉固定。

a. 安装轻钢主龙骨　首先装配好吊杆螺母，在主龙骨上预先安装好吊挂件，把组装吊挂件的大龙骨按弹线位置将吊挂件穿入相应的吊杆螺母并拧紧。主龙骨安装就位后，进行调直调平定位校正，待龙骨校正平直后，将吊杆上的调平螺母拧紧，龙骨中间部分按具体设计起拱（一般起拱高度不得小于房间短向跨度的 0.3%）。

b. 安装次龙骨 主龙骨安装完毕即可安装次龙骨。按已弹好的次龙骨位置线，卡放次龙骨吊挂件。按设计规定的次龙骨间距，将次龙骨通过吊挂件吊挂在大龙骨上，设计无要求时，一般间距为 500～600mm。当次龙骨长度需多根延续接长时，用次龙骨连接件，在吊挂次龙骨的同时相连，调直固定，如图 8-16 所示。

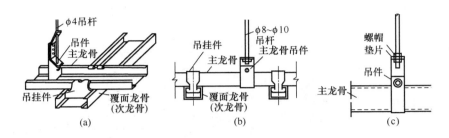

图 8-16 轻钢龙骨主次龙骨连接示意图

（a）次龙骨与主龙骨连接 （b）吊杆与主龙骨连接 （c）吊杆与吊件连接

次龙骨有通长和截断两种。通长龙骨布置与主龙骨垂直，截断龙骨（也叫横撑龙骨）与通长龙骨垂直布置。次龙骨紧贴主龙骨安装，并与主龙骨扣牢，不得有松动及安装歪曲不直之处。次龙骨安装时应从主龙骨一端开始，高低叠级顶棚应先安装低跨部分。

④安装纸面石膏板：龙骨安装完毕后，应检查龙骨是否平整、牢固，配件安装是否正确，主、次龙骨是否顺直，并在顶棚内各种隐蔽安装（空调、消防、通信、照明等）工程完毕后可进行石膏板安装。

纸面石膏板在具体布置时原则上长边方向应与主龙骨平行，从顶棚的一端向另一端开始错缝安装，逐块排列，余量放在最后安装，或从顶棚中心向周围铺设。铺设时首先要根据龙骨间距在石膏板面上弹出龙骨中心线，以便固定石膏板时使用，固定石膏板的高强自攻螺栓间距不大于 150～170mm，固定时应从石膏板中部开始向两侧展开，自攻螺栓距纸面石膏板板边应控制在 10～15mm 的距离，短边控制在 15～20mm，钉头应略低于板面沉入板内 1～2mm，但不得损坏纸面。钉头应做防锈处理，并用石膏腻子腻平，轻钢龙骨与石膏板固定示意图如图 8-17 所示。

纸面石膏板安装时还应注意留 3mm 左右的板缝（短边留 4～6mm 板缝），四周墙边留 10mm 左右缝隙以防伸缩变形，纸面石膏板拼装时要注意应错位安装（错开半板左右），防止出现通缝，影响吊顶的牢固性。

目前在大多数工程中，并不采用把金属板紧固于吊顶龙骨上的安装方法，较为普遍的做法是采用搁置式和嵌入式两种安装方式。

a. 搁置式安装 搁置式安装即为明式安装，或称明装式。金属方形板四边带翼，将其搁置与 T 型轻钢或铝合金（视板块材质及吊顶龙骨承载能力而定）吊顶龙骨下部的翼板上即可，搁置后的吊顶面呈格子明装龙骨离缝效果。

b. 嵌入式安装 采用与板材相配套的带夹簧的特制金属龙骨（三角龙骨、夹嵌龙

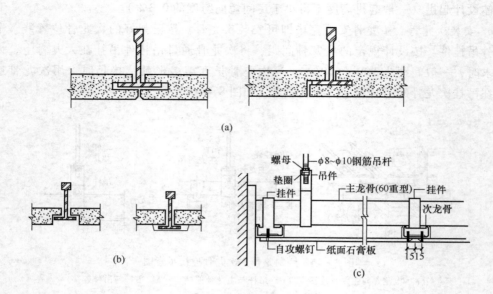

图 8 – 17　轻钢龙骨与石膏板固定示意图

（a）挂接　　（b）长接　　（c）钉接

骨），可以使金属吊顶方板很方便地嵌入。金属方板的卷边向上，呈缺口式的盒子形，多数方形吊顶板在加工后是其边部扎出凸起的卡口，可以较精确和稳固地嵌装于夹簧龙骨中。其吊顶骨架可不设横撑龙骨，由设计确定。

轻钢龙骨石膏板效果如图 8 – 18 所示。

图 8 – 18　轻钢龙骨石膏板效果图

　　⑤嵌缝：纸面石膏板安装质量经检查或修理合格后，根据纸面石膏板板边类型及嵌缝规定进行嵌缝。嵌缝材料包括接缝带和嵌缝腻子。接缝带有良好的自黏结能力和强度，在板接缝处起加强筋的作用。嵌缝腻子不但要有很好的强度、黏结性，而且还要有一定的韧性和施工性能。嵌缝用的腻子，均应保证有一定的膨胀性。嵌缝的纸面石膏板顶棚应妥善保护，不得损坏、碰撞，不得有任何污染。

8.2.3　铝合金龙骨吊顶施工

铝合金龙骨吊顶，是随着铝型材挤压技术的发展而出现的一种吊顶形式。铝合金龙骨质量较轻，型材表面经过处理，光泽美观，有较强的抗腐蚀、耐酸碱能力，防火性能好，安装很简单，适用于公共建筑大厅、楼道、会议室以及卫生间、厨房等小空间的吊顶装修。

铝合金龙骨吊顶与轻钢龙骨吊顶相比，属于轻型活动板式吊顶，其饰面板可直接放在龙骨的分格内而不需要固定。龙骨既是吊顶的承重件，又是吊顶饰面板压条。

8.2.3.1　材料准备

①铝合金龙骨：铝合金龙骨是目前各种吊顶中用得较多的一种吊顶龙骨，常见的铝合金型号有：T型，起组装吊顶龙骨骨架及搭装（或嵌装）吊顶板的作用；L型，起与四周墙壁相接和搭装（或嵌装）吊顶板的作用；Y型和Ω型，起组装吊顶龙骨骨架及搭装（或嵌装）吊顶板的作用。应用最多的是T型、L型龙骨。

②吊顶饰面材料：可采用各种装饰饰面板，如常用的矿棉吸声板、装饰石膏板等。其规格有矩形或正方形，施工时可直接搁置在T型的两翼上。常用的尺寸有500mm×500mm、600mm×600mm、300mm×600mm、600mm×900mm。

③其他材料：主要包括龙骨连接件、固定材料（膨胀螺栓、射钉等）和吊杆（钢筋或镀锌铁丝等）及吊件。

8.2.3.2　施工工艺

铝合金龙骨吊顶的施工准备同轻钢龙骨吊顶。铝合金龙骨吊顶的施工工艺比较简单，其施工操作顺序：

基层处理→弹线定位→固定吊件→安装龙骨→安装调平龙骨→安装饰面板

①基层处理：在未安装前，应对屋顶（楼面）进行检查，若施工质量不符合要求，应及时采取补救措施。

②弹线定位：弹线定位包括吊顶标高线和龙骨布置分格定位线。

a. 吊顶标高线确定　标高线可用水柱法标出吊顶平面位置，然后按位置弹出标高线。沿标高线固定角铝，角铝的底面与标高线齐平。角铝的固定可以用水泥钉直接将其钉在墙柱面上，固定位置间隔为400～600mm。

b. 龙骨分格定位　需根据饰面板的尺寸和龙骨分格的布置确定。为了安装两龙骨，中心线的间距尺寸一般大于饰面板尺寸2mm左右。安装时控制龙骨的间隔需要用模规，模规可用刨光的木方或铝合金条来制作，模规的两端要求平整，而且尺寸准确，与要求的龙骨间隔一致。

c. 龙骨分格布置　龙骨分格布置应尽量保证龙骨分格的均匀性和完整性，以保证吊顶有规整的装饰效果。由于室内的吊顶面积一般都不可能按龙骨分格尺寸正好等分，所以吊顶上会出现与标准分格尺寸不等的分格，也称收边分格。

d. 收边分格的处理　收边分格方法有两种：一种是把标准分格设置在吊顶中部，而分格收边在吊顶四周；另一种是将标准分格布置在人流活动量大或较显眼的部位，而把收边分格置于不被人注意的次要位置。

　　e. 分格　先按比例在纸上画出吊顶面积，再按龙骨布置的原则在纸上对吊顶龙骨进行分格安排。确定好安排位置后，再将定位的位置画在墙面上。

　　③固定吊杆：铝合金龙骨吊顶的吊件，目前使用最多的有膨胀螺钉或射钉固定角钢块，通过角钢块上的孔，将吊挂龙骨用的镀锌铁丝绑牢在吊件上。镀锌铁丝不能太细，如使用双股，可用 18 号铁丝，如果用单股，使用不宜小于 14 号的铁丝。

　　悬吊也可以用伸缩式吊杆。伸缩式吊杆的型式较多，用的较为普遍的是 8 号铅丝调直，用一个带孔的弹簧钢片将两根铅丝连结起来，调节与固定主要是靠弹簧钢片。用力压弹簧钢片时，将弹簧钢片两端的孔中心重合，吊杆就可伸缩自由。当手松开后，孔中心错位，与吊杆产生剪力，将吊杆固定，操作非常方便。

　　④安装调平龙骨：铝合金龙骨一般有主龙骨与次（中）龙骨之分。安装时先将各条主龙骨吊起后，在稍高于标高线的位置上临时固定，如果吊顶面积较大，可分成几个部分吊装。然后在主龙骨之间安装次（中）龙骨，也就是横撑龙骨。横撑龙骨截取应使用模规来测量长度。安装时也应用模规来测量龙骨间距。

　　龙骨就位后，满拉纵横控制标高线（十字中心线），从一端开始，一边安装一边调整，全部安装完毕后再精调一遍，直到龙骨调平、调直为止。

　　边龙骨宜沿墙面或柱面标高线钉牢。固定时，常用高强水泥钉，钉的间距一般不宜大于 50cm。如果基层材料强度较低，紧固力不满足时，应采取相应的措施加强，如改膨胀螺栓等。

　　铝合金龙骨石膏板构造如图 8－19 所示。

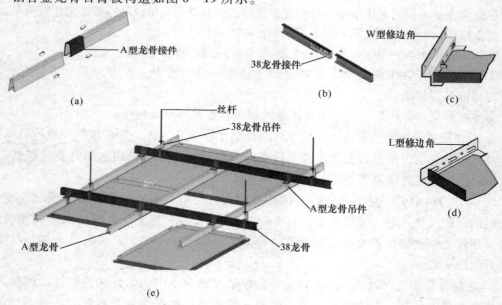

图 8－19　铝合金龙骨石膏板构造示意图

（a）A 型龙骨拼装连接节点　　（b）38 龙骨拼装连接节点　　（c）W 型修边角拼装　　（d）L 型修边角拼装

（e）龙骨与石膏板连接

⑤安装饰面板：铝合金龙骨吊顶安装饰面板，可分为明装、暗装和半明半隐（简称半隐）三种形式，明装即纵横 T 型龙骨骨架均外露，饰面板只需搁置在 T 型两翼上即可，这种安装方法简单，施工速度较快，维修比较方便，但装饰性稍差；暗装即饰面板边部有企口，嵌装后骨架不暴露，这种安装方法比明装稍复杂，维修时不太方便，但装饰效果较好；半明半隐即饰面板安装后外露部分骨架，其特点介于明装与暗装之间。吊顶饰面板的边角在安装时也有不同的处理方法，如图 8 - 20 所示。

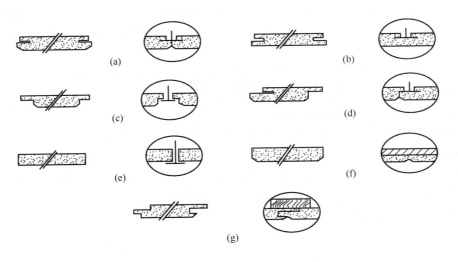

图 8 - 20　石膏板边角处理示意图

（a）卡式倒角企口边角　　（b）卡式企口边角　　（c）搁置式倒角边角　　（d）混合式倒角边角
（e）搁置式边角　　（f）粘式倒角边角　　（g）钉式倒角企口边角

8.2.4　其他吊顶工程施工

8.2.4.1　金属装饰板吊顶施工

（1）金属装饰板吊顶的构件组成

金属装饰板吊顶是由轻钢龙骨（U 型、C 型）或 T 型铝合金龙骨与吊杆组成的吊顶骨架和各类金属装饰面板构成。金属板材有不锈钢板、钛金板、铝板、铝合金板等多种，表面有抛光、亚光、浮雕或喷砂等多种形式。

使用过程中基本上有两大类，方块形板或矩形板和条形板。方型金属吊顶分为上人（承重）吊顶与不上人（非承重）吊顶。条型金属吊顶分为封闭型金属吊顶和开敞型金属吊顶。

（2）工艺流程

基层检查→弹线定位→固定吊杆→龙骨安装→安装金属面板→细部处理

（3）施工要点

①基层检查：安装前应对屋（楼）面进行全面质量检查，同时也检查吊顶上设备布置情况、线路走向等，发现问题及时解决，以免影响吊顶安装。

②弹线定位：将吊顶标高线弹到墙面上，将吊点的位置线及龙骨的走向线弹到屋

（楼）面底板上。

③固定吊杆：用膨胀螺栓或射钉将简易吊杆固定在屋（楼）面底板上。

④龙骨安装：主龙骨仍采用 U 型承载轻钢龙骨，固定金属板的纵横龙骨（采用专用嵌龙骨，呈纵横十字平面交叉布置）固定于主龙骨之下，其悬吊固定方法与轻钢龙骨基本相同。

⑤金属面板的安装：

a. 方形金属面板　一种是搁置式安装，与活动式吊顶顶棚罩面安装方法相同；另一种是卡入式安装，只需将方形板向上的褶边（卷边）卡入嵌龙骨的钳口，调平调直即可，板的安装顺序可任意选择。

b. 长条形金属面板　按安装时沿边固定方法分为卡边板和扣边板。

卡边式长条金属板只需直接利用板的弹性将板按顺序卡入特制的带夹齿状的龙骨卡口内，调平调直即可，不需要任何连接件。

扣边式长条金属板可与卡边型金属板一样安装在带夹齿状龙骨卡口内，利用板自身的弹性相互卡紧。

⑥吊顶的细部处理：对于墙、柱边的连接处理，可采用方形金属板或条形金属板与墙、柱连接处离缝平接，也可以采用 L 型边龙骨或半嵌龙骨。

8.2.4.2　开敞式吊顶施工

（1）工艺流程

基层处理→弹线定位→单体构件拼装→单元安装固定→饰面成品保护

（2）施工要点

①基层处理：安装准备工作除与前边的吊顶相同外，还需对结构基底底面及顶棚以上墙、柱面进行涂黑处理，或按设计要求涂刷其他深色涂料。

②弹线定位：由于结构基底及吊顶以上墙、柱面部分已先进行涂黑或其他深色涂料处理，所以弹线应采用白色或其他反差较大的液体。根据吊顶标高，用"水柱法"在墙柱部位测出标高，弹出各安装件水平控制线，再从顶棚一个直角位置开始排布，逐步展开。

③单体构件拼装：单体构件拼装成单元体可以是板与板的组合框格式、方木骨架与板的组合格式、盒式与方板组合式、盒与板组合式等。

④单元安装固定：格片型金属单元体安装固定一般用圆钢吊杆及专门配套的吊挂件与龙骨连接。

（3）金属复合单板网络格栅型开敞式吊顶施工

此种网络格栅单元体整体刚度较好，一般可以逐个单元体直接用人力抬举至结构基体上进行安装。安装时应从一角边开始，循序展开。

（4）铝合金格栅型开敞式吊顶施工

铝合金格栅是用双层 0.5mm 厚的薄铝板加工而成的，其表面色彩多种多样，单元体组合尺寸一般为 610mm×610mm 左右，有多种不同格片形状，但组成开敞式吊顶的平面图案大同小异，如 GD2、GD3 和 GD4。

8.2.5 吊顶工程质量验收标准

根据国家标准《建筑装饰装修工程质量验收规范》中的有关规定，吊顶工程应按明龙骨吊顶和暗龙骨吊顶等分项工程进行验收。

（1）一般规定

①吊顶工程验收时应检查下列文件和记录：

a. 吊顶工程的施工图、设计说明及其他设计文件。

b. 材料的产品合格证书、性能检测报告、进场验收记录和复验报告。

c. 隐蔽工程验收记录。

d. 施工记录。

②吊顶工程应对人造木板的甲醛含量进行复验。

③吊顶工程应对下列隐蔽工程任务进行验收：

a. 吊顶内管道、设备的安装及水管试压。

b. 木龙骨防火、防腐处理。

c. 预埋件或拉结筋。

d. 吊杆安装。

e. 龙骨安装。

f. 填充材料的设置。

④各分项工程的检验批应按规定划分：同一品种的吊顶工程每50间（大面积房间和走廊按吊顶面积30m² 为一间）应划分为一个检验批，不足50间也应划分一个检验批。

⑤检查数量应符合规定：每个检验批应至少抽查10%，并不得少于3间；不足3间时应全数检查。

⑥安装龙骨前，应按设计要求对房间的净高、洞口标高和吊顶内管道、设备及其支架的标高进行交接检验。

⑦吊顶工程的木吊杆、木龙骨和木饰面板必须进行防火管理，并应符合有关设计防火的要求。

⑧吊顶工程中的预埋件、钢筋吊杆和型钢吊杆应进行防锈处理。

⑨安装饰面板前应完成吊顶内管道和设备的调试及验收。

⑩吊杆距主龙骨端部距离不得大于300mm，当大于300mm时，应增加吊杆。当吊杆长度大于1.5m时，应设置反支撑。当吊杆与设备相遇时，应调整并增设吊杆。

⑪重型灯具、电扇及其他重型设备严禁安装在吊顶工程的龙骨上。

（2）暗龙骨吊顶工程

适用于以轻钢龙骨、铝合金龙骨、木龙骨等为骨架，以石膏板、金属板、矿棉板、木板、塑料板或格栅等为饰面材料的暗龙骨吊顶工程的质量验收。暗龙骨吊顶工程安装的允许偏差和检验方法见表8-4、表8-5。

表 8 – 4　　　　　　　　　　　　暗龙骨吊顶工程验收质量要求和检验方法

任务	项次	质量要求	检验方法
主控项目	1	吊顶标高、尺寸、起拱和造型应符合设计要求	观察；尺量检查
	2	饰面材料的材质、品种、规格、图案和颜色应符合设计要求	观察；检验产品合格证书、性能检测报告、进场验收记录和复验报告
	3	暗龙骨吊顶工程的吊杆、龙骨和饰面材料的安装必须牢固	观察；手扳检查；检查隐蔽工程的验收记录和施工记录
	4	吊杆、龙骨的材质、规格、安装间距及连接方式应符合设计要求。金属吊杆、龙骨应经过表面防腐处理；木吊杆、龙骨应进行防腐、防火处理	观察；尺量检查；检查产品合格证书、性能检测报告、进场验收记录和隐蔽工程验收记录
	5	石膏板的连缝应按其施工工艺标准进行板缝防裂处理。安装双层石膏板时，面层板与基层的接缝应错开，并不得在同一根龙骨上接缝	观察
一般任务	6	饰面材料表面应洁净、色泽一致，不得有翘曲、裂缝及缺损。压条应平直、宽窄一致	观察；尺量检查
	7	饰面板上的灯具、烟感器、喷淋头、风口箅子等设备的位置应合理、美观，与饰面板的交接应吻合	观察
	8	金属吊杆、龙骨的接缝应均匀一致，角缝应吻合，表面应平整，无翘曲、锤印。木质吊杆、龙骨应顺直，无劈裂、变形	检查隐蔽工程验收记录和施工记录
	9	吊顶内填充吸声材料的品种和铺设厚度应符合设计要求，并应有防散落措施	检查隐蔽工程验收记录和施工记录
	10	暗龙骨吊顶工程安装的允许偏差和检验	见表 8 – 5

表 8 – 5　　　　　　　　　　　　暗龙骨吊顶工程安装的允许偏差和检验

项次	项目	允许偏差/mm				检验
		石膏板	金属板	矿棉板	木板、塑料板、玻璃板	
1	表面平整度	3	2	2	2	用 2m 靠尺进行检查
2	接缝直线度	3	1.5	3	3	拉 5m 线，不足 5m 拉通线，用钢直尺进行检查
3	接缝高低差	1	1	1.5	1	用钢直尺和塞尺进行检查

（3）明龙骨吊顶工程

明龙骨吊顶工程质量验收要求和检验方法见表8-6，工程安装的允许偏差和检验方法见表8-7。

表8-6 明龙骨吊顶工程验收质量要求和检验方法

项目	质量要求	检验方法
1	饰面材料表面应洁净、色泽一致，不得有翘曲、裂缝及缺损。饰面板与明龙骨的搭接应平整、吻合，压条应平直、宽窄一致	观察；尺量检查
2	饰面板上的灯具、烟感器、喷淋头、风口篦子等设备的位置应合理、美观，与饰面板的交接应吻合、严密	观察
3	金属龙骨的接缝应与平整、吻合、颜色一致，不得有划伤、擦伤等表面缺陷。木质龙骨应平整、顺直，无劈裂	观察
4	吊顶内填充吸声材料的品种和铺设厚度应符合设计要求，并应有防散落措施	检查隐蔽工程验收记录和施工记录
5	明龙骨吊顶工程安装的允许偏差和检验	见表8-7

表8-7 明龙骨吊顶工程安装的允许偏差和检验方法

项次	项目	允许偏差/mm				检验方法
		石膏板	金属板	矿棉板	塑料板、玻璃板	
1	表面平整度	3	2	3	2	用2m靠尺和塞尺进行检查
2	接缝直线度	3	2	3	3	拉5m线，不足5m拉通线，用钢直尺进行检查
3	接缝高低差	1	1	2	1	用钢直尺和塞尺进行检查

（4）饰面板允许偏差和检验方法

①罩面板及钢木骨架安装的允许偏差和检验方法见表8-8。

表8-8 罩面板及钢骨架安装工程质量检验评定标准

项次	任务	质量等级	质量要求	检验方法
1	罩面板表面质量	合格	表面平整、洁净，无明显变色、污染、反锈麻点和锤印	观察检查
		优良	表面平整、洁净，颜色一致，无污染、反锈麻点和锤印	
2	罩面板的接缝或压条的质量	合格	接缝宽窄均匀；压条顺直，无翘曲	观察检查
		优良	接缝宽窄一致、整齐；压条宽窄一致，平直，接缝严密	

续表

项次	任务	质量等级	质量要求	检验方法
3	钢木骨架的吊杆、主梁、格栅、立筋、（横撑）外观质量	合格	有轻度弯曲，但不影响安装；木吊杆无劈裂	观察检查或尺量
		优良	顺直、无弯曲、无变形；木吊杆无劈裂	
4	顶棚、隔墙内的填充料	合格	用料干燥，铺放厚度符合要求	观察检查或尺量
		优良	用料干燥，铺放厚度符合要求，且均匀一致	
5	灰板条的抹灰基层	合格	钉结牢固，接头在立筋和横撑上，间距及对头缝大小均基本符合要求	观察检查
		优良	钉结牢固，接头在格栅（立筋）上，交错布置，间距及对头缝大小均符合要求	
	金属网的抹灰基层	合格	钉牢，接头在格栅（立筋）上	观察检查
		优良	钉牢，钉平，接头在格栅（立筋）上，无翘边	

②吊顶工程验收及质量标准：根据《建筑装饰工程施工及验收规范》的有关规定，吊顶工程所用材料的品种、规格、颜色以及基层构造、固定方法等，均应符合设计要求。罩面板与龙骨应连接紧密，表面应平整，不得有污染、折裂、缺棱掉角、锤伤等缺陷，接缝应均匀一致，粘贴的罩面板不得有脱层，胶合板不得有刨透之处。搁置的罩面板不得有漏、透、翘角现象。

吊顶工程验收的检查数量，按有代表性的自然间抽查 10%，过道按 10 延长米，大间按两轴线为 1 间，但不少于 3 间。吊顶罩面板工程质量的允许偏差见表 8-9。

表 8-9　　　　　　　　　　吊顶罩面板工程质量的允许偏差

项次	项目	允许偏差/mm			检验方法
		木质板		金属装饰板	
		胶合板	纤维板		
1	表面平整	2	3	2	用 2m 靠尺和楔形塞尺检查观感平整
2	接缝平直	3		<1.5	拉 5m 线检查，不足 5m 拉通线检查
3	压条平直	3		3	
4	接缝高低	0.5		1	用直尺和楔形塞尺检查
5	压条间距	2		2	用尺检查

铝合金龙骨纸面石膏板吊顶实训

【知识链接】

（1）施工工艺流程图。施工工艺流程图是表明任务施工中各个工序工艺之间的逻辑关系图。

绘制流程图，必须考虑各个工序工艺之间的先后顺序以及相应制约等逻辑关系，绘制方法是用带箭头符号的线条表示工序的先后，用方框代表每一个工序，方框内填写工序名称，按先后顺序进行排列，用带箭头的线连接起来。

（2）施工工艺操作要点。施工工艺操作要点又称为施工要求、施工技术，是指在各个工序中操作的工艺方法、注意事项、技术要求等。这些要点是保证施工质量、施工安全、施工成本、施工进度达到既定目标的保障。

（3）通过实践操作，能够熟练地选用吊顶施工机具合理地选择顶棚材料；在掌握施工工艺的基础上初步了解工程质量要求与验收标准。

（4）学会为达到施工质量要求正确选择材料和组织施工的方法，培养解决现场施工常见工程质量问题的能力，掌握指导现场施工的能力。

1. 实训目的与要求

实训目的：熟悉铝合金龙骨纸面石膏面板吊顶的工艺及特点，能进行吊顶施工的操作（操作的速度、动作准确性和灵活性）掌握一般吊顶的施工工艺主要质量控制要点，并能正确指导现场施工与解决现场施工常见工程质量问题的能力。

实训项目：3~4人一组完成 $10m^2$ 的铝合金龙骨纸面石膏板吊顶工程。

实训地点：校内施工实训基地。

2. 准备工作

（1）材料准备

铝合金龙骨可选用38系列或50系列龙骨及相关配套连接件。

按设计要求选用边长3000mm、宽1200mm、厚度9mm的纸面石膏板。

（2）机具准备

手电钻、电锤、自攻螺钉钻和射钉枪及电动十字旋具等电动工具。

常用的手工工具：手锯、刀锯、线锯及多用刀等锯割工具，还有刨削工具等。

画线及量具：画线笔、墨斗、量尺、角尺、水平尺、三角尺及铅锤等。

（3）作业条件

确定出吊顶所需材料的名称、品种、规格及用量。

确定出吊顶使用的相关机具及安全使用要求。

绘制施工图纸，制定施工方案。

3. 施工工艺

铝合金龙骨纸面石膏板吊顶施工工艺流程：

弹线定位→吊杆制作安装→边龙骨安装→主龙骨安装→调平龙骨架→次龙骨安装→安装面板

4. 施工质量控制要点

施工定位弹线要正确，吊顶龙骨连接必须牢固平整；吊顶面层必须平整。吊顶中间部位应按设计要求进行起拱。对于大型灯具、电扇及其他重型设备应增设吊杆，严禁安装在龙骨上。

5. 质量验收

对于施工中的工程，对轻钢结构层及饰面部分应进行认真的检查，按照质量检测标准对吊顶龙骨骨架荷重、骨架安装及连接质量、饰面安装等进行检测。

施工完毕后，清理施工现场。

6. 学生操作评定标准（表 8 – 10）。

表 8 – 10　　　　　　　　　　学生操作评定标准

| 序号 | 考核项目 | 考核要求 | 单项得分 | 评分标准 | 检测点 | | | | | 得分 |
					1	2	3	4	5	
1	表面平整	平整	10	允许偏差 3mm						
2	缝隙平直	平直	10	允许偏差 2mm						
3	接缝高低	高低	10	允许偏差 1mm						
4	起拱高度		20	1/200 ± 10 短向跨度						
5	四周水平标高	牢固	10	± 5						
6	工艺	符合操作规范	30	错误无分，部分错递减扣分						
7	安全文明施工	无安全事故，善后清理现场	4	重大事故项目不合格，一般事故扣 4 分						
8	工效		6	是否按时完成						
9	总分									

项目小结

顶棚是室内装饰的重要组成部分，也是室内 6 个界面中最富有变化、引人注目的界面，其透视感较强，通过不同形式的装饰处理，配以灯具造型能增强空间感染力。本项目详细介绍了常见的几种吊顶形式，也涉及新型的吊顶类型。内容包括吊顶材料、施工机具、施工工艺、施工要点及内部构造等方面。

学习本项目，要求能够掌握各类吊顶的构造特点及施工技术要点，并能根据不同的装饰效果及环境要求，选择合理的吊顶材料及构造做法。通过正确的施工工艺及施工要点，完成不同形式的吊顶工程。解决吊顶工程中的技术难点问题，从而逐步培养实际工作过程中独立分析问题和解决问题的能力，也是本项目所侧重的教学目标及能力目标。

习题

1. 简述吊顶的功能及类型。
2. 悬吊式顶棚由哪几部分组成？
3. 悬吊式顶棚吊杆与龙骨的布置有哪些具体的要求？
4. 绘制悬吊式顶棚的吊杆与楼板的连接固定方式，列举 3 种。
5. 在吊顶安装施工中，请说明弹线的基本步骤和方法。
6. 木龙骨吊顶常用材料及机具有哪些？其施工工艺是什么？
7. 轻钢龙骨纸面石膏板吊顶常用材料及机具有哪些？其施工工艺是什么？
8. 说明木质与轻钢龙骨骨架有什么相同和相异之处。
9. 简述铝合金 T5 系列吊顶施工工艺及操作要点。
10. 简述金属铝方板吊顶施工工艺及操作要点。
11. 绘制金属方板与窗帘盒及风口的连接形式。
12. 简述软膜天花板吊顶的特点。
13. 吊顶工程质量验收规范有哪些？一般分为哪些任务和要求？

项目九　其他装饰工程

 教学目标

　　通过本项目的学习，掌握其他装饰施工质量控制、检验的方法，具有指导其他装饰施工和管理的能力。

 教学要求

能力目标	知识要点	权重	自测分数
招牌装饰施工要点	招牌的制作流程	5%	
	招牌安装方法	15%	
橱窗展台施工要点	安装前的施工准备要点	5%	
	预埋件安装施工方法	15%	
	钢化玻璃板块安装要点	5%	
细木工工艺基础施工要点	木质材料的作用、性能与特点	5%	
	木工的基本技术	15%	
	木工工艺规范	5%	
装饰玻璃施工工艺要点	玻璃胶封口的操作方法	5%	
	玻璃镜安装施工要点	15%	
	玻璃钉固定安装的方法	5%	
	玻璃砖隔墙施工要点	5%	

项目导读

本项目主要包括招牌装饰施工、橱窗展台施工、细木工工艺基础施工、装饰玻璃施工。介绍这四大部分的使用要点、制作和安装。

 引例

一般店面上都可设置一个条形商店招牌，醒目地显示店名及销售商品。在繁华的商业区里，消费者往往首先浏览的是大大小小、各式各样的商店招牌，寻找实现自己购买目标或值得逛游的商业服务场所。因此，具有高度概括力和强烈吸引力的商店招牌；对消费者的视觉刺激和心理影响是很重要的。

商店招牌底板所使用的材料，在我国长期以来是木质和水泥。木质经不起长久的风吹雨打，易裂纹，油漆易脱落，需经常维修。水泥招牌施工方便，经久耐用，造价低廉，但形式陈旧，质量粗糙，只能作为低档商店招牌。为了反映时代新潮流的变化，如今的店面外装饰材料已不限于木质和水泥，而是采用薄片大理石、花岗岩、金属不锈钢板、薄型涂色铝合金板等。石材门面显得厚实、稳重、高贵、庄严；金属材料门面显得明亮、轻快，富有时代感。有时，随着季节的变化，还可以在门面上安置各种类型的遮阳箔架，这会使门面清新、活泼，并沟通了商店内外的功能联系，无形中扩展了商业面积。

商店招牌在导入功能中起着不可缺少的作用与价值，它应是最引人注目的地方，所以，要采用各种装饰方法使其突出。手法很多，如用霓虹灯、射灯、彩灯、反光灯、灯箱等来加强效果，或用彩带、旗帜、鲜花等来衬托。总之，格调高雅、清新，手法奇特、怪诞往往是成功的关键之一。

 案例小结

招牌制作类型多样有铝塑板、亚克力板、喷绘布、彩钢扣板、烤漆玻璃等。

任务 9.1　招牌装饰工程施工

9.1.1　招牌制作

（1）生产准备

根据施工图纸所注明材料，采用相应的钢材，其应具有质量证明书。当对钢材的质量有疑义时，应按国家现行有关标准的规定进行抽样检验。

钢结构工程所采用的连接材料和涂装材料应具有出厂质量证明书，并应符合设计的要求，焊接材料及采用的各种螺栓应符合设计要求及相关标准。

放样需要用的工具：尺、石笔、粉线、划针、圆规、铁皮剪刀等，都应准备好，并应经过计量部校核。

放样以 1:1 的比例（预留 5mm 切割余量）在样板上弹出大样。

（2）卷管制作

制作工艺过程及技术要求：

①放样。钢板卷管先算出其周长后直接下料。

②卷管加工：钢管卷制过程要校圆，校圆所用样板的弧长应为管子周长的 1/6～1/4。样板与管内壁的不贴合间歇应符合下列规定：对接纵缝处不得大于壁厚的 10% 加 2mm，且不大于 3mm；离管端 200mm 的对接纵缝不得大于 2mm；其他部位不得大于 2mm。

卷管对接焊缝的内壁错边量不超过壁厚的 10%，且不大于 3mm；卷管端面与中心线的垂直偏差不得大于管子外径的 1%，且不大于 3mm；平直度偏差不大于 1mm/m。

③卷管焊接：

a. 卷管焊接采用 Y 型或 V 型坡口形式，坡口尺寸必须符合设计和规范要求。

b. 坡口加工采用氧乙炔火焰加工方法，加工完后除去坡口表面的氧化皮、熔渣及影响质量的表面层，将凹凸不平处打磨平整。

c. 焊缝质量要求　卷管对接焊缝二级，超声波检测，20% 抽查；其他贴角焊缝三级；符合标准 GB 50205—2001。

d. 手工焊采用 J422 焊条，符合标准 GB/T 14957—1994。

④卷管除锈：当图纸无要求时，卷管除锈采用机械除锈，要求完全除去金属表面上的油脂、氧化皮、锈蚀产物等一切杂物，并将表面清理干净。

⑤卷管按 6m 一段在卷制车间拼装焊接，待拉到现场后再组对成整体，然后进行吊装。

⑥卷管防腐：卷管涂料防腐施工按下列要求进行。

a. 管道防腐需在晴天进行，施工环境温度以 15～30℃ 为宜，施工时应通风良好，以便漆膜充分干燥。在前一道漆实干前不得涂第二道漆。全部涂层完成后，一般需自然干燥 7d 以上方可使用。不得在雨、雾、雪天进行室外施工。

　　b. 每防腐完一层，应进行检查，涂层不得有针孔、气泡、流淌、褶皱和破损等现象，否则应进行处理。

　　c. 采用人工涂刷，涂刷时，层间应纵横交错，每层应往复进行。涂层应均匀，不得漏涂。

　　d. 卷管安装后，接口和运输、安装损伤处必须进行补防腐。补防腐层结构和材料均应与原管道防腐相同。补口、补伤处的泥土、油污、铁锈等均应清除干净呈现钢灰色。

　　（3）广告牌桁架制作

　　按1∶1进行放样，角钢采用氧乙炔火焰切割，除去切口表面的氧化皮、熔渣及影响质量的表面层，将凹凸不平处打磨平整。

　　放样下料后，在制作现场按图组装成大片后拉至安装现场，再按吊装要求拼装成型。

9.1.2　招牌安装

　　三面安装顺序：卷管立柱吊装→广告牌骨架现场组装→广告牌骨架吊装→广告牌骨架与卷管立柱焊接→灯架及其他构件安装

　　单面安装顺序：立柱吊装→广告牌骨架安装→广告牌牌面安装→零星构件安装

　　（1）基础复查和放线

　　①施工前，安排相关技术人员同测量人员对基础进行复核，要符合以下要求：

　　a. 基础表面平整，不能有裂纹、蜂窝和露筋等现象。

　　b. 根据施工图检查基础外形尺寸和中心线。基础的横向中心线与纵向中心线要垂直。

　　②基础外形尺寸偏差不大于±20mm。

　　③基础纵横中心线与基准线偏差不大于20mm。

　　（2）安装前的准备工作

　　①熟悉图纸，组织相关技术人员对车间结构进行分析，合理安排施工工艺和施工计划。

　　②钢丝绳准备：根据方案和预算部门所给构件重量，准备好吊装用钢丝绳扣、卡环和缆风绳。

　　③现场组装注意事项：

　　a. 吊车及运输车需占用单车道，需提前向有关部门办好相关手续。

　　b. 现场组装将破坏部分草坪及小树，需提前向有关部门办好相关手续。

　　c. 占道时，在所占用道路的两端立好醒目标志，并派专人看守。

　　④立柱吊装：卷管按6m一段在卷制车间拼装焊接，利用10t半挂运输至安装位置，到现场后再组装成整体，利用16t汽车吊进行装卸。现场组装位置选择在安装位置旁的空旷地带，进行吊装。

　　单面广告牌立柱重量较小，吊装容易，须保证其安装垂直度。

　　⑤广告牌骨架现场组装：广告牌骨架到现场后再组装成整体，现场组装位置选择在单车道（以减少破坏草坪）然后进行吊装。

　　立柱吊装好后，将广告牌骨架和支撑A、B、C在安装位置地面组装成整体，利用3个10t倒链将广告牌骨架和支撑缓慢、均应提升到位，倒链挂点设在立柱顶端。

由于广告牌安装位置站车条件较好，此时回转半径 7m、起吊高度为 19m，卷管立柱重约 8t，利用 25t 汽车吊可将卷管立柱整体吊装到位。缆风绳调整立柱垂直度，经纬仪校验立柱安装垂直度 <10mm。

提升过程中，每 200mm 稍停，检查广告牌骨架是否倾斜，调整后继续提升，直到安装位置为止。整个提升过程由专人指挥，并配以哨子统一作业。

⑥广告牌骨架与立柱焊接：三面广告牌骨架整体提升到位，找正后立即进行广告牌骨架与卷管立柱的焊接，确保焊接牢固后方可松钩。单面广告牌骨架吊装时，需对绑扎点角钢进行加固。

⑦灯架及其他构件安装：按图将灯架及其他构件安装完成。

9.1.3　施工安全要求

①所有作业人员需持有国家劳动部门认可的上岗证。

②对职工经常进行安全教育，进入施工现场必须戴安全帽。

③按规定穿戴劳保用品上岗，不得穿拖鞋进入施工现场。

④坚持高空作业系安全带，双层作业设隔离层。

⑤吊装工作中，吊物下方不得站人。

⑥各种材料堆放稳妥，以防倾斜和滚动。

⑦施工机械和电气设备要有专人操作和维护，不得带病运转和超负荷工作。

⑧为防止高空坠落，高空作业时，必须正确使用安全带。

⑨高空用气割或电焊切割时，应采取措施防止割下的金属或火花落下伤人。

⑩高空作业的设施、设备，必须在施工前进行检查，确认其完好方能投入使用。

⑪攀登和悬空作业人员，必须经过专业技术培训及专业考试合格，并必须定期对其进行体检。

⑫雨天、风力大于 4 级、夜晚等情况，尽量避免高空作业。

⑬防腐涂装施工现场或车间不允许堆放易燃物品，并远离易燃物品仓库。

⑭防腐涂装施工现场或车间，必须具备有消防水源和消防器材。

⑮油漆作业时，施工人员应戴防毒口罩或防毒面具；对接触性的侵害，施工人员需穿工作服，戴手套和防护眼镜等，尽量不与溶剂接触。

任务 9.2　橱窗展台施工

9.2.1　测量放线

对主体已完成或局部完成的建筑物进行外轮廓测量，根据测量结果确定幕墙的调整处理方法，提供给设计人员做出相应调整。

（1）熟悉图纸

对于本作业的操作，首先要对有关图纸有全面的了解，不仅是对幕墙施工图，对土建建筑结构图也要了解，主要了解立面变化的位置、标高变化的特点，对图纸全面掌握需要对照实际施工进行。

（2）对整个工程分区分面编制测量计划

测量要分类有序的进行，在对建筑轮廓测量前要编制测量计划，对所测量对象进行分区、分面、分部的计划测量，然后进行综合；测量区域的划分一般情况遵循以立面划分为基础，以立面变化为界限的原则，全面进行测量。

（3）对每个区进行测量

根据实际情况，可一区一区进行，也可以几个区同时进行，在测量时首先找到关键层，关键层必须具备以下几个条件：

①要具备纵观全局的特性；

②可以由此层开展到全区的每一个部分；

③由此层所放的线具有可测量性和可控性。

（4）确定基准测量层，随后即确定基准测量轴线

轴线是建筑物的基准线，施工定位前首先要与土建共同确定基准轴线或复核土建的基准轴线，在土建轴线的基础上加上边部方格图，确定角点和分格点的坐标，用坐标法确定每个分格点。

（5）确定关键点

关键点在关键层寻找，但不一定在基准轴线上，且不低于两个。

（6）放线

放线从关键点开始，先放水平线，用水准仪（有时可用水平管）进行。水平线的放线，一般的铁线放线采用花篮螺丝收紧，然后，吊线垂。放线时注意风力大于 4 级时不宜放线。

（7）测量

测量放线应与主体结构测量放线相配合，水平标高要从地面引上，以免误差累积。应沿楼板外沿弹出墨线或 20# 钢丝线定出幕墙平面基准线，从基准线外返回一定距离为幕墙平面。以此线为基准确定立柱的前后位置，从而确定整体位置。

测量时注意：

①多把米尺同时测量时要考虑米尺的误差，即测量前要校对尺。

②测量点要统一。

③测量结构要记录，记录清单要清楚明了。

（8）测量数据记录分类

对测量的结果，要进行整理，对各种结果进行分类，同时对照建筑图进行误差寻找，得出误差结果。

（9）处理数据

对数据进行处理后，要对误差大、需要调整的位置进行处理，提出切实可行的处理方案。同时，将资料（原始）整理成册报设计单位，经设计单位、业主、监理、总包审核同意后可进行下一道的工作。

9.2.2　安装前的施工准备

（1）施工安装的基本条件

①主体结构完工，现场清理干净，在二次装修前进行。同时，也要组织好工种交叉施工，避免施工时造成污染、损坏。

②埋设件已妥善埋入，位置准确。主体结构工程达到施工验收规范的要求。

（2）施工准备

①材料与构件：

a. 材料、构件要按施工组织设计分类，按使用地点存放，玻璃板应运入相对应的房间内，用塑料布盖严，下边应垫上垫板，防弹玻璃板应稍倾斜直立摆放，玻璃上应贴上明显标志，以防碰坏；铝材、五金件及其他材料应分楼层堆放在固定房间内并加锁。

b. 安装前要检查铝型材或钢型材，要求平直、规方，不得有明显的变形、刮痕和污染。

c. 构件、材料和零附件应在施工现场验收，验收时监理方和业主应在场。

②后备材料：不合格的构件应予更换，构件在运输、堆放和吊装过程中有可能变形、损坏等，所以应根据具体情况，对易损坏和丢失的构件、配件、密封材料和胶垫等，应有一定的更换、贮备数量。

9.2.3　预埋件安装

预埋件是为了将幕墙与主体结构连接起来，故预埋件的安装质量将直接影响整体的结构安装质量。

①熟悉图纸，了解前段工序的变化更改及设计变更。

②熟悉施工现场，施工现场的熟悉包括两方面的内容：一是对已施工工序质量的验收；二是对照图纸要求对下步工作的安排。

③预埋铁件：预埋件的作用就是将连接件固定。故安装连接件时首先要寻找原预埋件，只有找准了预埋件才能很准确地安装连接件。

④梁垂线：竖梁的中心线是连接件的中心线，故在安装时要注意控制连接件的位置，

其偏差小于 2mm。

⑤拉水平线控制水平高低及深度尺寸。虽然预埋件时已控制水平高度，但由于施工误差影响，安装预埋件时仍要拉水平线控制其水平及进深的位置，以保证预埋件安装准确无误，方法参照前几道工序操作要求。

⑥验收：对安装好的预埋件，现场管理人员要对其逐个检查验收，对不合格处进行返工改进，直至达到要求。做好记录：对每一道工序的检查、验收、返工、质量情况要进行详细记录。记录包括施工人员、时间、工作面位置、质量情况、返工、补救情况、验收人员、各项指标、验收结果等。记录要详细明白，同时要所有当事人签字，再装订成册保存。

9.2.4 钢型材或铝型材框架安装

在整体安装过程中，型材框架的安装由于其工程量大、施工精度要求高而占有极其重要的地位。型材框架安装的快慢决定着整个工程的进度，故作业无论从技术上还是管理上都要分外重视。

①检查竖型材型号规格。安装前先要熟悉图纸，准确了解各部位使用不同型号型材，避免张冠李戴。主要检查截面是否与设计相符（包括截面、高度、角度、壁厚等），长度是否合要求（是否扣除伸缩缝）。

②按照作业计划将要安装的型材框架运送到指定位置，同时注意其表面的保护。

③三维调整。型材框架安装后，对照上工序测量定位线，对三维方向进行初调，保持误差小于 1mm，待基本安装完成后，在下道工序中再进行全面调整。

9.2.5 钢化玻璃板块安装

钢化玻璃板块是由车间加工然后在工地安装的，安装前要制定详细的安装计划，列出详细的玻璃供应计划，这样才能保证安装顺利进行及方便车间安排生产。

（1）施工准备

由于钢化玻璃板块安装在整个幕墙安装中是最后的成品环节，在施工前要做好充分的准备工作。准备工作包括人员准备、材料准备和施工现场准备。在安排计划时，首先根据实际情况及工程进度计划要求安排好人员，一般情况下每组安排 4~5 人，钢化玻璃板块安装时，可安排 6 人/组。安排时要注意新老搭配，保证正常施工。材料工具准备是检查施工工作面的钢化玻璃板块是否到场，有没有已到场被损坏的钢化玻璃；施工现场准备要在施工段留有足够的场地满足安装需要，同时要对脚手架进行清理并调整脚手架满足安装要求。

（2）检查及验收钢化玻璃板块

检查的内容包括规格数是否齐全，是否有错位玻璃，玻璃堆放是否安全、可靠。是否有误差超过标准的玻璃，是否有已经损坏的玻璃。

验收内容包括误差是否在控制范围内，玻璃是否有损伤，是否有磨边处理。

检查验收要做好详细的记录并装订成册，签注参加验收检查人员名单。

（3）初安装

每组 4~5 人，安装按以下步骤进行：检查玻璃→运玻璃→调整方向→将玻璃抬至安装位→安装玻璃→初调整。

（4）调整

钢化玻璃板块初装完成后就对板块进行调整，调整的标准即横平、竖直、面平。横平即横梁水平、胶封水平；竖直即竖梁垂直、胶封垂直；面平即各玻璃在同一平面内或弧面上。室外调整完后还要检查室内，该平的地方要平，各处尺寸是否达到设计要求。

（5）固定

玻璃下部要设两个或多个柔性支托，支托不应突出玻璃外表面。

（6）验收

每次玻璃板块安装时，从安装过程到安装完成，全过程进行质量控制，验收也是穿插于全过程中，验收的内容如下：

①板块自身是否有问题。

②胶缝大小是否符合设计要求。

③胶缝是否横平竖直。

④玻璃板块是否有错面现象。

⑤室内的收口是否符合设计要求。

⑥验收记录。型材框架属于隐蔽工程的范围，要按隐蔽工程的有关规定填写相关资料。

9.2.6　耐候密封胶嵌缝

防弹玻璃板安装后，板材之间的间隙必须用耐候封胶嵌缝，予以密封，防止气体渗透和雨水渗透。

嵌缝耐候密封胶注胶时应注意：

①充分清洁板材间缝隙，不应有水、油漆、铁锈、水泥、砂浆和灰尘等，应充分清洁黏结面，加以干燥，可用二甲苯或甲基二乙酮作清洁剂。

②为避免密封胶污染玻璃，应在缝两侧贴保护胶纸。

③注胶后应将胶缝表面刮平，去掉多余的胶。

④注胶完毕后，将保护胶纸撕掉，必要时可用溶剂拭取。

⑤注意注胶后养护，胶在未完全硬化前，不要沾染灰尘和划伤。

9.2.7　清洁收尾

清洁收尾是工程竣工验收前的最后一道工序，虽然安装已完工，但为求完美的饰面质量，此工序也不能马虎。

任务 9.3 细木工工艺基础

9.3.1 材料的识别

家居装饰中所涉及的材料品种繁多，材质的好坏、优劣直接影响家居装饰的整体效果和使用寿命，怎样识别装饰材料显得尤为重要，下面介绍几种材料识别的要点：

①饰面板：基层板好，饰面层厚度≥0.3mm，且均匀一致，每块饰面板之间的拼接要看不到缝隙，其拼接后的板面纹理、质地、色泽基本一致，要不透层、无破损及划痕，环保达标。

②大芯板：两面面板完整、光滑、色泽好，表面平整，无挡手感，无翘曲现象，芯板木方方正正，拼接严实牢固，材质均为杉木，对环境无污染。

③夹板：表面平整、光滑，无破损、补丁，层与层之间黏合牢固，每层厚度均匀一致，平放基本不翘曲，对环境无污染。

④石膏板：可锯、可刨，强度高，纸面不起泡，厚度均匀。

⑤防火板：厚度达到标准，颜色悦人，韧性好，高温不脆，不变形。

⑥装饰木线条：纹理、质地、色泽基本一致，外形方正，表面光滑，无变形、开裂。

9.3.2 木质材料的作用、性能与特点

（1）三夹板

用途：有色漆饰面板。

性能与特点：双层表面平整、光滑，层与层之间黏合牢固，平放不起翘，环保达标。

如果表面有皱褶，平放起翘，透视有透光的，属不合格产品，其厚度不达标。

（2）五夹板

用途：大衣柜、写字台、书柜、背板。

性能与特点：单层表面平整光滑，层与层之间黏合牢固，基本放平不翘，环保达标。

若表面有皱褶，平放起翘，透视有透光的，属不合格产品，其厚度不达标。

（3）九夹板

用途：门套档缝板、天花造型。

性能与特点：拉力度强，单层表面较为平整，只能做底。

如果表面有皱褶，平放起翘，透视有透光的，属不合格产品，其厚度不达标。

（4）十二夹板

用途：抽屉、框边。

性能与特点：拉力度强，单层表面较为平整，只能做里料。

如果表面有皱褶，平放起翘，透视有透光的，属不合格产品，其厚度不达标。

（5）大芯板

用途：衣柜、门套结构。

性能与特点：厚度大，拉力强，双层都平整，不易变形，杉木芯。

表面粗或者不均匀，有起伏的痕迹，属不合格产品。

9.3.3　材料的保护

①所有板材进入工地时，首先要用木方把地面垫高，搬运时要小心，以免碰掉边角或碰坏材料，必须分类摆放在不受潮湿的地方，以免材料变形。

②所有饰面材料进入工地时，首先要用木方把地面垫高，搬运时要小心，以免碰掉边角或碰坏材料，摆放好后，必须刷清底漆，以保持木纹清晰。

③所有的线条刷好清底漆后，整齐摆放在固定好的三脚架上，以保持线条不受损。

9.3.4　木工的基本技术

（1）磨刀

任何钢火锋利的刀具使用一段时间后就会变钝，刀口就不锋利了。怎样把刀磨好呢？首先把刨刀从刨子中取出，两手掌握并保持刨刀原来的斜度，磨刀时把刨刀按压在双面磨石上，前后推磨时应保持刨刀的斜度不变；往前推磨时，应冲出双面油石的前缘，不能只在中间来回磨；在磨刀的过程中要边看边磨，应保持平整。磨完后用眼睛来观察，依大拇指在刀口上的感觉来辨别其锋利程度，认为较锋利后，再拿到天然釉石上过釉，使其磨得更锋利。所有刀具磨刀的方法相同。

（2）刨料

随着工具的更新换代，工作量大的刨料都由电刨来完成，手工刨在家装中只能做修直、修正、拼角等少量的工作。操作前应把刨刀磨利，把板材平放于工作台上，目的是把板边修直。操作时，右手握紧刨子，先用眼睛观察木板的侧边是否成直线，可用墨斗弹一根线，按照墨线进行修直，或用2m长的铝合金方尺比靠哪里不平，方尺不能靠拢的地方，再进行修改，直到修平修直为止。

（3）手工锯

①大板材的锯开、锯断都由电锯来完成，但有些工作量不大的时候，还是用手工锯来完成，手工锯操作时，必须先看准划线（凡是需要锯割的地方都要划上墨线）按照划线的边缘下锯，锯好后边缘应有半边划线。如锯下的板材没锯直或有弯曲的，必须用手工刨修直、修正。

②锯齿的整修：

a. 按照锯齿的粗细来选择相应的三角锉，从下往上掌握三角锉，按照原来锯齿的斜度，将其锉利（操作时锉声刺耳，应选择没人在场的时候）。

b. 修整锯路　锯路不均匀时，如左边的锯齿长一点，锯齿就往左边走斜；如右边的锯齿长一点，拉锯时就往右边走斜，以致锯料不准，所以要把它修整到锯齿均匀。用正齿器来修整（第一个齿为正中，第二个齿为左偏 0.5mm，第三个齿为中，第四个齿往右偏 0.5mm，第五个齿为中，第六个齿又往左偏 0.5mm，如此类推，要排列有序，修整完后，检查左、中、右是否成一个直线，如有出格的锯齿，必须把它修整）。

（4）凿眼

在家装中主要是装锁、房门的合页等，先用木工笔画出应凿的位置，把凿刀磨锋利，操作时左手握凿，右手握锤。凿刀的平面紧贴凿眼的内线，用木工锤敲打（注意四周及其深度，手法要准，凿刀口不能乱动，装锁时不能损坏周围的面板）。

（5）吊线

垂直度误差不超过 1mm，这就是优良的工程，所以吊线是一项很重要的基本技术。首先选择一个 0.5kg 的吊砣，穿好线，最好采用尼龙丝的钓鱼线，因为定位比较快。用木方钉一个2600mm 左右的十字架型的支撑物来支撑，把吊砣线挂在这个支撑上，将吊砣放在离距地面50mm 的位置，把十字架放到需要吊线的位置上，等吊砣定位之后，就可以画记号了。再站正位置，面朝吊线，在吊砣的上方 20mm 的地方，照吊线，画一点再站开，对正吊线，用右眼瞄准吊线，在上方画上一点。上下两点都要在吊线的位置，再检查一遍，如在同一线位置，则可以移开吊砣，用墨斗依照所标记号弹线了。检查任何物体是否垂直，都可以按此方法检查。

（6）打水平

打水平是一个很普遍的工艺，但确实很重要，如果不认真抓好这一环节，就有全部返工的可能。必须购买一根 15m 长、口径 10mm、较厚的透明胶管，打开自来水管灌满水，灌水时不要间歇，中间不能有气泡，操作时要两人才能完成。从地面上量 1.5m 打上标号，甲乙两人各持胶管一端，甲在标号处掌握管内水位的升降，乙将水平管的另一端移到另外一个墙角大约离地 1.5m 的地方，甲把水平管内的水位调整到 1.5m 处的标号点上，这样两人的水平点就在同一个水平上，乙用铅笔记下水平标记，以便弹线，以此方法再延续到任何一个点部。在操作时，管不能折叠、踩踏，如有折叠和踩踏平水则不准确，中间不能有气泡，如有气泡也会影响它的准确性。

（7）算料

如一个大衣柜高 2440mm，宽 2440mm，上部 600mm 为储物，下部左边为挂衣柜，右边下部 2 个抽屉，每个抽屉面高 200mm，抽屉以上 500mm 有一个层板，上部 600mm 为 4个柜门，下部为 4 个门，全部为外盖柜门。

①当看到这些信息后，这个大柜的结构图就基本掌握了。左边、中间、右边各有一块立板，合计为 3 块，高度 2440mm，刚好为一块大芯板的长度。横板：上面一块板，600mm 处一块为中板，底下底板一块，所以横板共计 3 块。柜子的总宽度为 2440mm，所以应当减去左右两板的位置厚度各为 17mm，即（2440 - 17 - 17 = 2406mm）。再计算抽屉上 2 块层板的长度等。

②在计算好这个大柜的板材是多少块，在锯台上锯出需要多宽的板，在什么部位钉板，必须在板上画上线，每块分配在哪个位置，都应写上注明，如上、中、下，左、中、右。这样能使组合时，更加清清楚楚层次分明，能使自己和施工的工人一目了然，拼钉时，就不会出错，从而提高了工作效率。

9.3.5 木工施工工艺规范

①材料送到工地，任务经理与木工组长应检查材料的数量、质量及规格。对不合格的材料坚决不用，对饰面材料根据花纹和颜色进行分类、刷底漆（由油漆工完成），如果设计擦色漆或水性漆，不要刷底漆，但要防止污染饰面材料，尽量使饰面材料的花纹和颜色保持一致。

②要根据图纸，在现场核定尺寸并考虑与周围的环境后下料。

③下料时必须考虑充分利用材料，指定专人计划使用材料，并先开大料，再开小料，再利用边角余料。如有色漆推拉窗、推拉门，先将推拉窗、推拉门用整张三夹板挖好，再利用挖出来的料压制柜门。如果是饰面型推拉窗、推拉门，必须注意饰面板木纹的方向、颜色、花纹、拼板。

④所有位置用料与《建筑装饰材料规范》一致。

⑤制作工作台时，操作台一定要平整，要求锯机锯片是合金片，与锯机结构无间隙，锯片与活动板的轨道平行，同时活动板与固定轨道的间隙只能留1mm，保证下料平齐。

任务 9.4　玻璃装饰施工工艺

9.4.1　玻璃屏风施工

玻璃屏风一般是以单层玻璃板安装在框架上。常用的框架为木制架和不锈钢柱架。玻璃板与基架相配有两种方式，一种是档位法，另一种是黏结法。

（1）木基架与玻璃板的安装

玻璃与基架木框的结合不能太紧密，玻璃放入木板后，在木框的上部和侧边应留有3mm 左右的缝隙，该缝隙是为玻璃热胀冷缩留出的。对大面积玻璃板来说，留缝尤为重要，否则在受热变化时玻璃将会开裂。

安装玻璃前，要检查玻璃的角是否方正，检查木框的尺寸是否正确，有否走形现象。在校正好的木框内侧，定出玻璃安装的位置线，并固定好玻璃板靠位线条。把玻璃放入木框内，其两侧距木框的缝隙应相等，并在缝隙中注入玻璃胶，然后钉上固定压条，固定压条最好用钉枪钉。

对于面积较大的玻璃板，安装时应用玻璃吸盘器吸住玻璃，再用手握住吸盘器将玻璃提起来安装。

（2）玻璃与金属方框架安装

玻璃与金属方框架安装时，先要安装玻璃靠位线条，靠位线条可以是金属角线或金属槽线。固定靠位线条通常是用自攻螺钉。

根据金属框架的尺寸裁割玻璃，玻璃与框架的结合不能太紧密，应该按小于框架 3～5mm 的尺寸裁割玻璃。

安装玻璃前，应在框架下部的玻璃放置面上涂一层厚2mm 的玻璃胶。玻璃安装后，玻璃的底边就压在玻璃胶层上。或者放置一层橡胶垫，玻璃安装后，底边压在橡胶垫上。

把玻璃放入框内，并靠在靠位线条上。如玻璃板面积较大，应用玻璃吸盘器安装。玻璃板距金属框两侧的缝隙相等，并在缝隙中注入玻璃胶，然后安装封边压条。

如果封边压条是金属槽条，而且为了表面美观不得直接用自攻螺钉固定时，可采用先在金属框上固定木条，然后在木条上涂万能胶，把不锈钢槽条或铝合金槽条卡在木条上，以达到装饰的目的。如果没有特殊要求，可用自攻螺钉直接将压条槽固定在框架上。常用的自攻螺钉为 M4 或 M5。安装时先在槽条上打孔，然后通过此孔在框架上打孔，这样安装就不会走位。打孔的钻头要小于自攻螺钉的直径0.8mm。在全部槽条的安装孔位都打好后，再进行玻璃的安装。

（3）玻璃板与不锈钢圆柱框的安装

目前玻璃板与不锈钢圆柱框的安装形式主要有以下两种：玻璃板四周不锈钢槽，其两边为圆柱；玻璃板两侧是不锈钢槽与柱，上下是不锈钢管，且玻璃底边由不锈钢管托住。

①玻璃板四周不锈钢槽固定的操作方法：先在内径宽度大于玻璃厚度的不锈钢槽上划线，并在角位处开出对角口，对角口用专用剪刀剪出，并用什锦锉修边，使对角口合缝严密。

在对好角位的不锈钢槽框两侧，相隔 200~300mm 的间距钻孔。钻头小于所用自攻螺钉 0.8mm。在不锈钢柱上面划出定位线和孔位线，并用同一钻孔头在不锈钢柱上的孔位处钻孔。再用平头自攻螺钉，把不锈钢槽框固定在不锈钢柱上。

将按尺寸裁好的玻璃从上面插入不锈钢槽框内。玻璃板的长度尺寸应比不锈钢槽框的长度小 4~6mm，以便让出槽内自攻螺钉头的位置。然后向槽内注入玻璃胶，最后将上封口的不锈钢槽卡在玻璃上边，并用玻璃胶固定。如果玻璃板上边不用不锈钢槽封边，那么玻璃板上边就必须进行倒角处理或磨出圆边，以防止玻璃板伤人。

②两侧不锈钢槽固定玻璃板的安装方法：首先按玻璃的高度锯出两截不锈钢槽，并在每个不锈钢槽内打两个孔，并按此洞孔的位置在不锈钢柱上打孔。上端孔的位置可在距端头 30~50mm 处，而下端孔的位置，就要以玻璃板向上抬起后，可拧入自攻螺钉为准。上横不锈钢管与玻璃板上边的距离一般要大于 20mm。否则就要减少玻璃板的高度（上下横不锈钢管一般在制作框架时，就与立柱焊接在一起了）。

安装玻璃前，先将两侧的不锈钢槽分别在上端用自攻螺钉固定于立柱上。再摆动两槽，使其与不锈钢柱错位，并同时将玻璃板斜位插入两槽内。然后转动玻璃板，使之与不锈钢柱同线，再用手向上托起玻璃板，使玻璃板一直顶至上部的不锈钢横管。将不锈钢槽内下部的孔位与不锈钢立柱下部的孔对准后，用自攻螺钉穿入拧紧。最后放下玻璃板，并在不锈钢槽与玻璃之间、玻璃板与下横不锈钢管之间注入玻璃胶，并将流出的胶液擦干净。

9.4.2 厚玻璃装饰门安装施工

现代室内装饰工程中，经常用厚玻璃组成全玻璃装饰门。厚玻璃门是指用 12mm 以上厚度的玻璃板，直接作门扇的无门扇框玻璃门。常见的厚玻璃装饰门由活动扇和固定玻璃的部分所组合而成，其门框部分通常用不锈钢、铜和铝合金饰面。

（1）安装前的准备

①安装厚玻璃前，地面饰面施工应完毕，门框的不锈钢或其他饰面应完成。门框顶部的厚玻璃限位槽已留出。其限位槽的宽度应大于玻璃厚度 2~4mm，槽深 10~20mm。

②不锈钢饰面的木底托，可用木楔钉的方法固定在地面上。然后再用万能胶将不锈钢饰面板粘卡在木方上。铝合金方管可用铝角固定在框柱上，或用木螺钉固定于地面埋入的木楔上。

③厚玻璃的安装尺寸，应从安装位置的底部、中部和顶部测量，选择最小尺寸作为玻璃板宽度的切裁尺寸。如测得的尺寸一致，则裁玻璃时，其宽度要小于实测 2~3mm，高度要小于 3~5mm。裁好厚玻璃后，要在四周边进行倒角处理，倒角宽 2mm，四个角位的倒角要特别小心，一般应用手握细砂轮块慢慢磨角，防止崩边崩角。

（2）安装施工

①用玻璃吸盘器吸紧厚玻璃，然后手握吸盘器把厚玻璃板抬起。抬起时应有 2～3 人同时进行。抬起后的厚玻璃板，应先插入门框顶部的限位槽内，然后放到底托上，并对好安装位置，使厚玻璃板的边部正好封住侧框柱的不锈钢饰面对缝口。

②底托上固定厚玻璃　在底托木方上钉木板条，其距厚玻璃板 4mm 左右。然后在木板条上涂刷万能胶，将饰面不锈钢板片粘卡在木方上。在顶部限位槽处和底托固定处，以及厚玻璃与框柱的对缝处注入玻璃胶。

9.4.3　注玻璃胶封口的操作方法

首先将一支玻璃胶开封后装入玻璃胶注射枪内，用玻璃胶枪的后压杆端头板顶住玻璃胶罐的底部。然后一只手托住玻璃胶注射枪身，另一只手握着注胶压柄，并不断松、压循环地操作压柄，使玻璃胶从注口处少量挤出。然后把玻璃胶的注口对准需封口的缝隙端。

注玻璃胶的封口操作应从缝隙的端头开始。操作的要领是，握紧压柄，用力要均匀，顺着缝隙移动的速度也要均匀，即随着玻璃胶的挤出，匀速移动注口，使玻璃胶在缝隙处形成一条表面均匀的直线。最后用塑料片刮去多余的玻璃胶，并用干净布擦去胶迹。

9.4.4　玻璃镜安装施工

室内装饰中玻璃镜的使用较为广泛，玻璃镜的安装部位主要是有顶面、墙面和柱面。

9.4.4.1　顶面安装

顶面玻璃镜安装对基面的要求：基面应为板面结构，通常是木夹板基面，如果采用嵌压式安装，基面可以是纸面石膏板基板面。基面要求平整、无鼓肚现象。

（1）嵌压式安装

嵌压式安装通常用压条为木压条、铝合金压条、不锈钢压条。嵌压式固定安装方法如下：

①顶面嵌压式固定前，需要根据吊顶骨架的布置进行弹线，因为压条应固定在吊顶骨架上，并根据骨架来安排压条的位置和数量。

②木压条在固定时，最好使用 20～25mm 的钉枪，避免用普通圆钉，以防止在钉压条时震破玻璃镜。

③铝压条和不锈钢压条可用木螺钉固定在其凹部。如采用无钉工艺，可先用木衬条卡住玻璃镜，再用万能胶将不锈钢压条粘卡在木衬条上，然后在不锈钢压条与玻璃镜之间的角位处封玻璃胶。

（2）玻璃钉固定安装

①玻璃钉需要固定在木骨架上，安装前应按木骨架的间隔尺寸在玻璃上打孔，孔径小于玻璃钉端头直径 3mm。每块玻璃板上需钻出四个孔，孔位均匀布置，并不能太靠镜面的边缘，以防开裂。

②根据玻璃镜面的尺寸和木骨架的尺寸，在顶面基面板上弹线，确定镜面的排列方式。玻璃镜应尽量按每块尺寸相同来排列。

③玻璃镜安装应逐块进行。镜面就位后，先用直径 2mm 的钻头，通过玻璃镜上的孔位，在吊顶骨架上钻孔，然后再拧入玻璃钉。拧入玻璃钉后应对角拧紧，以玻璃不晃动为准，最后在玻璃钉上拧入装饰帽。

9.4.4.2　玻璃镜在垂直面的衔接安装

墙面、柱面上的玻璃镜安装与顶面安装的要求和工艺均相同。另外墙面组合粘贴小块玻璃镜面时，应从下边开始，按弹线位置向上逐块粘贴。并在块与块的对接缝边上涂少许玻璃胶。玻璃镜在墙柱面转角处的衔接方法有线条压边、磨边对角和用玻璃胶收边等。用线条压边方法时，应在粘贴玻璃镜的面上，留出一条线条的安装位置，以便固定线条；用玻璃胶收边，可将玻璃胶注在线条的角位，也可注在两块镜面的对角口处。如果玻璃镜直接与建筑基面安装时，应检查其基面的平整度。如不平整应重新批荡或加木夹板基面。玻璃镜直接与建筑基面安装时，通常用线条嵌压或用玻璃钉固定，但在安装前，应在玻璃镜背面粘帖一层牛皮纸保护层，线条和玻璃钉都是钉在埋入墙面的木楔上。

注意：粘贴玻璃镜时，不得直接用万能胶涂在镜面背后，以防止对镜面涂层的腐蚀损伤。

9.4.5　玻璃砖隔墙施工

玻璃砖也称玻璃半透花砖，是目前较新颖的装饰材料。其形状是方扁体空心的玻璃半透明体，其表面或内部有花纹现出。玻璃砖以砌筑局部墙面为主，其特色是可以提供自然采光，且兼能隔热、隔音和装饰作用，其透光与散光现象所造成的视觉效果非常富于装饰性。

根据需砌筑玻璃砖的面积和形状来计算玻璃砖的数量和排列次序。玻璃砖本身的尺寸通常有两种：250mm×50mm 和 200mm×80mm（边长×厚度），为了防止玻璃砖墙的松动，在砌玻璃墙时使用白水泥砌铺，两玻璃砖对砌缝的间距为 5～10mm。

根据玻璃砖的排列做出基础底角。底角通常厚度为 40mm 或 70mm，即略小于玻璃砖厚度。将与玻璃砖隔墙相接的建筑墙面的侧边整修平整、垂直。

如果玻璃砖是砌筑在木质或金属框架中，则应先将框架做出来。

项目小结

本项目主要讲了招牌、广告、橱窗的制作，安装与质量检验。重点放在安装上，目的让学生在学习建筑装饰之时增强室外审美与施工的能力。

习题

1. 招牌是如何制作的？它有哪些种类？
2. 橱窗是如何进行安装的？
3. 根据所学的知识说明如何制作吧台。

参考文献

［1］严煦世．给水工程（第四版）［M］．北京：中国建筑工业出版社，1999．

［2］冯翔．建筑装饰施工组织与管理［M］．西安：西安交通大学出版社，2014．

［3］陈雪杰，张峰．室内装饰施工修订版［M］．北京：中国电力出版社，2011．

［4］王增长．建筑给水排水工程［M］．北京：中国建筑工业出版社，1998．

［5］冯翔．建筑材料［M］．北京：中国建材工业出版社，2010．

［6］华东建筑设计院有限公司．给水排水设计手册（第4册）－工业给水处理（第二版）［M］．北京：中国建筑工业出版社，2000．

［7］北京市市政设计研究总院．给水排水设计手册（第5册）城镇排水（第二版）［M］．北京：中国建筑工业出版社，2003．

［8］北京市市政设计研究总院．给水排水设计手册（第6册）－工业排水（第二版）［M］．北京：中国建筑工业出版社，2002．

［9］中国建筑标准化研究所．全国民用建筑工程设计技术措施（给水排水）［M］．北京：中国计划出版社，2003．

［10］严煦世．给水排水工程快速设计手册（第1册）给水工程［M］．北京：中国建筑工业出版社，1995．

［11］于尔捷．给水排水工程快速设计手册（第2册）排水工程［M］．北京：中国建筑工业出版社，1996．

［12］黄铁兵．民用建筑电气照明设计手册［M］．北京：中国建筑工业出版社，2011．

［13］袁金艳．房屋建筑学［M］．北京：北京邮电大学出版社，2013．

［14］冯翔．建筑工程制图［M］．北京：天津大学出版社，2014．